朱楚文——著

提問力，決定你的財富潛力

推薦序

職場應具備的關鍵能力——提問力

曹世綸

職場中充滿各式會議，而「無效會議」很可能是效率的殺手，所以我通常會鼓勵員工在會議一開始先表達意見、提出想法。而有效溝通，要從懂得「提問」開始。透過「提問」讓想法更具體、讓焦點更凝聚。

遇到重要且困難的工作，一向不是去找到正確的答案，而是找到正確的問題。提問包含對問題的邏輯思考能力與解決問題的能力，一個好的提問，有助於事前釐清思緒，並能讓你精準掌握問題點。透過提問進行腦力激盪，從繁瑣的問題中理出新方向，就能快速了解客戶與合作夥伴的需求、精準地解決問題。

身處資訊爆炸的年代，你幾乎可以透過網路接觸到任何資訊，該如何在眾多資訊當中歸納整理，最好的方法就是學會「提問」，透過「自我提問」建立資料價值的判斷能力、日後需要時的搜尋能力、從複雜資料中判斷趨勢的能力。

我們容易被既有知識、常識、經驗、理所當然的認知給束縛，因此難以重新「提問」。當今各行各業都必須應對快速變化，即使是大企業都很難保證不會被新潮流淘汰。外在壓力迫使企業不斷學習新的技術和方法，因此保持好奇心、不斷提問，才能促使個人與組織不斷進步。

透過提問，釐清問題的核心，確實理解問題發生的根源，而非受到不是問題的問題所綑綁。越是重要的問題，越該「提問」；越是貼近本質的「提問」，越能快、狠、準地輕易解決問題。現在就透過這本書，建立屬於你自己的「提問力」。

（本文作者為SEMI全球行銷長暨臺灣區總裁）

推薦序

人生無處不提問

曾國棟

二〇二〇年十一月二〇日，我應新創總會之邀，擔任中小企業領袖傳承高峰會與談人，討論企業永續競爭力，談有關購併／上市櫃／人才的思維。訪談之前，我將拙作《商學院沒教的三十堂課》送給主辦單位，希望主持人可以先翻閱一下，以增加對談的流暢度，當天的主持人就是本書作者朱楚文。由於她很認真地做功課，訪談進行得很流暢，也激起聽眾熱烈參與，大家都讚賞有加，我也對她的主持功力留下了深刻的印象。

二〇二〇年十二月，我將一些案例故事整理成兩本書《工作者持續成長思維》及《管理者決策躍昇思維》，在新書發表期間，我接受了幾個廣播電臺的訪談，原本有些擔心會不會NG連連，卻意外發現接下來一、二小時的訪談都很順利，主要是因為主持人適當的引導，我才得以暢所欲言。

這幾次的經驗讓我暗中佩服這些主持人的特異功力，我猜想，他們一定都在訪談之前做足功課，但他們的行程又大多很緊湊，一個節目接著一個節目進行，我不免懷疑他們怎麼會有那麼多時間查資料、看資料，這個疑問一直存在我心中。

二〇二一年三月中，朱楚文邀請我幫她的新書《提問力，決定你的財富潛力》寫序，基於知識分享是一件好事，也與我發起的「經營智慧分享協會」目標一致，加上她是優秀的主持人，我欣然答應了。

我翻閱了文章內容，終於解開了我心中的疑問，原來要做好訪談，除了認真做功課之外，背後還有很多學問；因為作者懂得很多，難怪她可以讓訪談順利進行，讓與談者暢所欲言，讓聽眾感到內容豐富，聽得津津有味，甚至達到意猶未盡的境界。她願意將提問力的技巧整理起來，無私分享，實在是讀者的福氣。

我非常同意她在書中提到的「人生無處不提問」，這剛好與我經常分享的「人生無處不簡報」有異曲同工之妙，兩者對人的一生影響極大，我們卻常常忽略其重要性。兩者也剛好是一體的兩面，但最終目的都是讓聽眾滿意及認同：簡報是先了解聽眾的需求，再將自己最值得拿出來的資訊報告出來，讓聽眾更認識你的公司，或認同你的報告內容；提問也是先了解聽眾的需求，並引導與談者談出最精采、最拿手的內容，讓聽眾聽得津津有味，但是提問比簡報更複雜，除了要注意聽眾需求外，還要了解與談者的專長以及想表達的內容重點，並且要問對問題，才能引導與談者暢所欲言，滿足聽眾需求。

我經常分享「543聊天能力」的重要性，要能與人聊天，必須具備許多知識，也要了解對方的專長及興趣，並懂得如何找出適合的主題，同時拋出開放式問題，引導對方暢所欲言；重點是讓對方暢所欲言，而不是自己講很多，這樣的能力及技巧就是「提問力」重要的一環，也是非常重要的職場能力。

書中提供了很多提問的方法，包含了架構以及邏輯思維，還以她親身的經驗輔助說明，讓讀者更容易體會吸收，相信大家可以從中獲取很多知識，成為提問的高手。

（本文作者為大聯大控股永續長）

推薦序

頂尖人士創造驚人成果的祕密，都在提問力！

許景泰

提問技術的水平，決定你人生機運、人際關係、財富潛力與個人價值，可謂人生最重要的一門技術！而這本書，將是釋放你提問影響力的最佳引路寶典。

你可能質疑，「會提問」的價值真有這麼大？我肯定地說，是的，諸多名人如：賈伯斯、村上春樹、手塚治虫、比爾蓋茲、巴菲特等人，都是懂得提問的佼佼者。誠如全球管理大師彼得．杜拉克所說：「最危險的，不是提出錯誤的答案，而是提出錯誤的問題。而你最需要的，不是提出正確的答案，而是提出正確的問題。」提問力，絕對是你在各領域脫穎而出的致勝關鍵！

我在職場闖蕩十多年，深刻體會優秀與平庸的工作者，兩者最大的差距不是所知的知識多寡，也非實務經驗累積多少，而是可否一針見血地指出「問題背後的問題」。卓越者能透過一連串提問，抽絲剝繭找出問題的本質。提問的本事越強，你在工作升遷、薪酬待遇、創造價值上，都將比百分之八十的工作者強上數倍，這說法毫不誇張。

一、優秀與平庸的顧問，最大差別就在提問力

我很少跟人提到，我工作十多年來，雖然連續創業，但也在過程中擔任過多家大型企業的顧問。這在我的副業顧問生涯中，花的工作時間很少，但帶來的報酬極大；一家企業一年就花費百萬聘請我，而我所花的時間是每月一天到該企業問診，憑藉的就是好好運用我的提問力，幫企業找到問題核心，提出一套清楚的解決方法，為企業省下千萬，創造上億產值。

深刻反思平庸與優秀的顧問最大的差別，就是平庸者提出的問題，多半找不到真正的問題所在，或根本沒有釐清問題本質，只能頭痛醫頭、腳痛醫腳，無法真正幫助到企業。

二、好的銷售提問力，成交機率大幅提高

十五年前我創業時，就是從業務銷售做起。那時我幫助公司從每月營業額五十萬，在不到二年內，年營業額達到兩千七百萬。後來，我加強自己的銷售提問技巧，

融合了「顧問式銷售」+「精準提問術」，不到五年，公司的年營業額就超過上億元，成了當時臺灣最大的口碑行銷公司。

現在我再次創業，這項專業技巧依然派得上用場。我簽下不少超級講師、暢銷作家、名醫、企業家、職棒明星、知名網紅等，這一切都跟提問力息息相關。唯有好的提問力，才能快速取得對方的信任，也能突破彼此盲點，找出問題核心。相反的，不懂得運用提問力的銷售者，容易步入強迫推銷，難以拉近與客戶的距離並強化信任感，即使最終促成合作，很快地也會因搞錯問題重點而導致破局。

三、個人也要懂提問力，讓身價水漲船高

在職場上，無論是該做做錯或該做未做，都可能犯了不懂提問、沒有習慣提問的錯，最終造成負面的結果。

我帶領過許多同仁，觀察到很多優秀的人若具備提問的本事，不論他們後來進入哪一個行業，身價都是不斷翻漲。相反的，一開始看似優秀，幾年後卻發展平平、薪水停滯者，問題多半出在不會、也不懂得針對問題的根源做出精準提問。簡單來說，就是問題思考層次上受限，難以有更大格局的思維，所以從提問就可以看出一

個人的見識，以及對問題認知的深淺。

事實上，不論是業務、行銷、工程師、財務，乃至於行政、設計、影像製作等職場人士，當專業技能已純熟，想要更上一層樓，遇到的阻礙往往不是精進自己的技能，而是必須突破思考問題和精準提問的層次。因為，好的提問除了可以有效減少在工作上白費力氣之外，也有助於突破僵局，把打結的思緒徹底解開。

好的提問，正如本書《提問力，決定你的財富潛力》作者朱楚文所提點的，能直指核心，去掌握與解決根本性問題。對於開發客戶、重要談判、公司營運、團隊管理、行銷突破、財務遇上難題時，都能因「善於提出好問題」迎刃而解、豁然開朗。

若你想有效精進個人的提問力，我真心推薦這本書！坊間提問力的書很多，但本書之所以特別，除了作者朱楚文不僅有多年實戰經驗，而且她專訪過全球超過百位財經科技巨擘及企業領袖，提問的質量與深度皆屬業界翹楚。若你能善用本書，將提問力變成自身帶著走的能力，我深信你必定終身受益。

（本文作者為大大學院執行長）

推薦序

好好地聽，好好地問，才能好好地講

謝文憲

我從事業務工作十二年，從房地產第一線業務到業務主管，從金融業第一線開疆闢土的戰士，轉戰外商科技業的客戶經理，這些年來我就只學會兩件事：

第一，學會傾聽，才能學會發問！

第二，少說話，避免犯錯，將發言權杖交由客戶主導詮釋！

學會上述兩件事，我就可以輕鬆坐收訂單。

上述輕描淡寫的幾句話，說明了我十二年第一線業務工作的點滴。

自從二〇〇六年我個人創業後，迄今也有十五年的時間，雖然轉戰企業講師、出版、媒體、知識付費、影視工作，本質上都還是業務性質的工作，因為我要把腦中的智慧賣給企業或個人客戶，這難度也跟把你口袋的錢放進我口袋一樣難。

因此，發問技巧絕對是讓我擁有財富潛力，與事業斜槓經營游刃有餘的致勝關鍵。

我很會問問題，但比起楚文，我的確遜色不少！

我跟楚文同臺數次，從我上她廣播節目專訪時的充分準備，到她主持大型論壇的從容自得，其實都源自兩個緣分。

第一，幾年前，她將閱讀我個人著作的心得跟我分享，讓我受寵若驚，這才開啟她出版第一本著作時、我為她寫序的緣分。

第二，我邀請她來參加我主持的「商戰名人讀書會」名人對談單元，她的言語與表達，徹底融化我與觀眾的心，有內涵但無鋒芒，有含金量但不失幽默輕鬆，掌握主導權但又不讓主持焦點失衡，一場三十分鐘的對談，我與聽眾都如沐春風。

她真的顛覆我對美女的印象！

自從她離開光鮮亮麗的媒體舞臺後自行創業，我就非常支持她。她的一切，其實都源自她財經主持的身分與磨練，以及學富五車的內涵，從主播的單一身分，跨界作家、主持、講師等斜槓角色，都能輕鬆寫意的主要原因，正是她的核心能力：提問力！

如今，她的收入不僅更豐碩、人生更進階、生活更自由，更重要的是：你也可用本書的內涵與方法，達成跟她一樣的人生境界。

（本文作者為企業講師、作家、主持人）

推薦序

讓提問力大幅增加你的財富能力

楊倩琳博士（Dr. Selena）

良好的溝通，要從懂得「好的提問」開始。不論在我們日常生活或是工作的各個層面上，「提問」的力量都非常驚人，帶給我們的影響絕對超乎想像。「好的提問」不但能加深雙方關係、提高客戶滿意度，還能讓員工自動自發、主管放心授權交辦任務。但我們往往只在意「問」，卻忽略了問題的好壞，會大大左右工作或人生的發展及遠景！

提問力已經成為現代人最重要的管理工具之一，無怪乎管理大師杜拉克早已預言，過去的領導者可能是知道如何解答問題的人，但未來的領導者必將是一個知道如何提問的人。連全球知名管理學大師大前研一都曾說：「對人生和工作而言，提問力正是最強的武器。」

為什麼「提問力」變得如此重要了？因為問出一個好問題，就能讓別人輕易記得你。因為問題本身不只是一個問句，也代表著「你是誰」、你有多少料；問問題的深度，透露你的身分和經歷、知識與涵養、人格特質與觀察力、聰明程度和邏輯思考能力。

提問力絕對是職場重要的生存競爭力，能幫助我們提升職場能見度，開創更豐富的人生。以杜邦公司前執行長賀利得為例，他在杜邦將近四十年，曾說過：「我習慣用提問的方式，從別人身上找出怎麼解決的辦法，以及如何更快速讓大家達成共識。」

美國喬治華盛頓大學人力資源發展中心教授麥克・馬奎德（Michael Marquardt）也指出，一個成功而有效率的領導者會以身作則，不斷尋找許多優質提問的機會，來激勵員工、啟發創意、促進團隊合作、解決各種問題。

既然提問力對我們的人生及職場扮演如此重要的角色，那大家一定很好奇，如何培養自身的提問力？幸運的是，我的好朋友財經主播朱楚文根據多年採訪及主持的實戰經驗，花了很多時間整理撰寫出《提問力，決定你的財富潛力》這一本新書，書中詳細歸納整理出提問力具備的四大價值，簡稱「RCPC」——好關係（Relationship）、有自信（Confidence）、解決力（Problem-Solving）、說服力

（Convince）。

楚文還創造一套提問公式，只要遵循「LIRA原則」來設計提問，分別是L（Logical）：清楚合理的邏輯、I（Inspiration）：具啟發性、R（Relationship）：建立正面關係，以及A（Appropriate）：適合對方回答，就能訓練你在工作或日常輕鬆問出令人印象深刻的好問題，也能做為提問前的自我檢視。

最後，如果希望你的提問能更豐富、問題更漂亮、讓人對你更有印象，楚文在書中也教大家一個獨創的提問公式5W1H提問法：在Why/How之前，擇一加上Who/What/Where/When。

看本書學習楚文的「RCPC四大價值」「LIRA原則」「5W1H提問法」，就能有效地step by step學習及訓練你的提問能力。以楚文自己為例，她就是完美地藉由運用提問力，順利從財經主播的單一身分，成功跨界發展出多元斜槓角色，包含作家／主持人／顧問／導演／講師等，收入變得比主播時期更多元豐富。

擁有好的提問力，不僅成為我們人生無形的豐富資產，甚至還能有機會大幅增加你的財富能力。

（本文作者為易飛網集團策略長）

【目錄】

Part 2
好問題 vs. 壞問題

壞問題讓你遠離關係，好問題帶你直入人心，錢途無量。

Part 3 價值提問 vs. 無效提問

你還在這樣問嗎？光說不聽、命令口吻、焦點發散……
告別無效提問，問出四大價值——好關係．自信心．解決力．說服力。

Part 4

提問力進階篇：讓提問事半功倍的各種準備

除了問出口的問題，你的聲音音高、語速，你的身體肢體語言，也要做好準備，讓你的提問事半功倍！

Part 5 關於提問的提問：職場人士最想知道的 QA 快問快答

自序

從主播臺到斜槓創業——提問力給了我人生自由選擇權，帶我走上身心富足之路

我從來沒想過，有一天會以提問為業。

二〇一六年，我因為需要照顧孩子，不得不離開主播臺。還記得那一天，我播完新聞，頂著濃妝，在人聲嘈雜的電視臺，怯怯地找新聞部主管談離職。

當時的我，因為先生工作，舉家搬遷至新竹，開始臺北、新竹兩地通車的日子，不只孩子相當不適應，時間也被通勤分割得零碎。

面對我提出的離職要求，新聞部主管那時問了一句話：「真的要離職嗎？之後打算做什麼？」

離職後打算做什麼？印象中我語塞，沒有答案。

當時內心非常徬徨，才剛開設新單元節目，又是人人稱羨的主播工作，真的要

放棄嗎？

從事新聞工作已經八年多，我到底累積了哪些能力？除了新聞工作，還能做些什麼？

那天晚上回到家，我拿出紙筆，一邊不斷問自己這些問題，一邊寫下答案。眼前的白紙逐漸密密麻麻，腦袋卻越來越清晰。我發現，原來這八年經歷沉澱下來，得到最重要的能力，就是採訪與提問，簡稱「提問力」。

藉由提問力，我有幸能在三十歲之前，與逾百位全球財經科技領袖巨擘採訪對話，窺見世界變化的趨勢軌跡，後來也出了第一本書《全球頂尖領袖親授的十七堂課》；也藉由提問力，累積不少職場與生活人脈資產，交到許多貴人朋友，後來幫助我順利開啟斜槓創業，擁有不同身分與工作。

甚至提問力所蘊含的邏輯思考訓練，幫助我快速掌握議題焦點、精準分析資訊，除了完成新聞工作，也運用在往後論壇主持當中，還曾遇到客戶特地邀請主持論壇裡的半小時精華座談（panel discussion）；光靠提問就能謀生也是很特別的經驗，後來更收到大大學院邀請，開設一門「精準提問力」線上課程，獲得超過一千五百人訂購。

可以想見，不論採訪或主持，能言善道的背後，其實都靠著提問的力量。如果不會提問，我將失去許多在職場上突破和自我成長的機會。

更重要的是提問是我的心靈導師。當時離開主播臺，一切從零開始，內心不免徬徨，也曾遇到低潮，但透過對自己提問，竟能平心靜氣思考，找尋到困境中突圍的方向，和面對挫折的復原勇氣，成為更好的自己。

世界知名管理學大師大前研一曾說：「對人生和工作而言，提問力正是最強的武器。」雖然「武器」兩個字有些嚴肅，但不可諱言，提問力絕對是職場關鍵的競爭力，能提升我們，開創更豐富的人生。

根據多年的實戰經驗，我也歸納整理出提問力具備的四大價值，簡稱「RCPC」：

1. **建立關係**（Relationship）：提問能幫助我們快速與陌生人建立關係，開啟談話互動，好的提問能促使人與人之間彼此了解，加深關係緊密度，創造合作新契機。

2. **產生自信**（Confidence）：一個善於自我提問的人，面對困難和挑戰時，更能釐清思緒，找到前進方向，也因此往往能自信從容地面對挫折與考驗，不容易被打倒。

3. **增強解決力**（Problem-Solving）：好的提問能找出問題背後的癥結，更精準切入核心關鍵，有效解決棘手問題。

4. **強化說服力**（Convince）：透過提問來說服與領導，已經成為未來領導顯學，不需要長篇大論，只要善用提問技巧就能改變他人想法，發揮說服影響力。

藉由這四大價值，提問力不僅成為我們人生無形的資產，甚至還有機會拓展職涯發展。以我為例，我就是藉由提問力，從主播的單一身分，跨界作家／主持人／顧問／導演／講師等斜槓角色，收入變得比主播時期更多元豐富，真心覺得幸運與

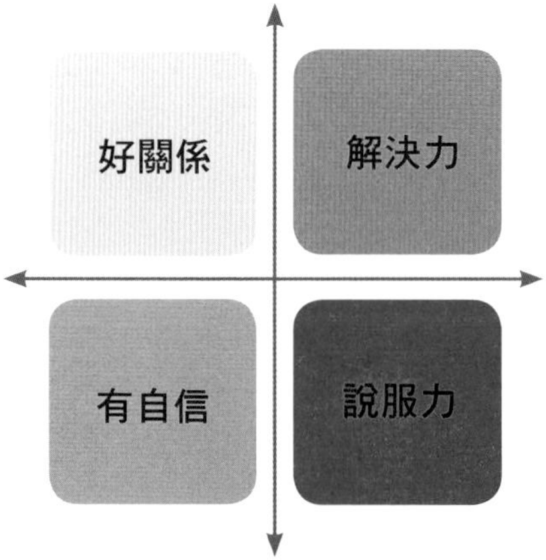

圖 1：提問四大價值「RCPC」：好關係、有自信、解決力、說服力。

感謝。

換句話說，提問力不只能帶給我們無形的四大價值，甚至能創造有形的金錢收益，幫助我們提升財富潛力，協助我們不只本業表現優異，還有機會藉由提問開創人脈，掌握客戶需求而發展斜槓，為職涯打造多重收入，重新拿回人生自由選擇權，一步步邁向財富自由，成為新富族；甚至知道心之所向，面對挫折時能更篤定心志，知道自己要什麼。在投資理財上也能運用提問，幫自己挑選到更合適的投資標的。一如本書中提到的知名投資大師：商品大王羅傑斯、新興市場教父墨比爾斯等人，都是提問高手！

正因為提問力擁有這些難得的價值，十分值得我們學習。在這本書中，我將會以過往訪問名人領袖與斜槓創業時所累積的提問經驗，和讀者朋友分享，到底提問力是如何一步一步幫助我度過難關，在挫折時賦予勇氣，引領開創不一樣的人生？又如何在不同場合都問出令人印象深刻的好問題？

希望藉由我的故事，能幫助更多人體驗提問力的美好，並透過擁有提問技巧，在不同的人生場合揮灑自如，除了開創更多職涯新機會、工作更順利之外，也能對自己更有自信。

你也想擁有人生的自由選擇權嗎?你也想要打造新富族的人生嗎?先學會提問吧!因為提問會給你方向,有了指引,就不會迷路,即使在黑暗中,還是能勇敢前行,走上身心富足的人生之途。

Part 1

會提問的人 vs.
不會提問的人

自信坐在主播臺上的我，
曾經也是怯於提問的人。
直到學會提問，讓我不再原地踏步，
開啟我職涯與人生的無限可能。

1-1 光鮮亮麗的電視螢幕後，會是一個怯於提問的女孩

那年我二十四歲，記者會上的半導體教父已經快八十歲，臺上臺下所有的眼睛都看向我。

天啊，我到底要問什麼問題才好？

「五、四、三、二、一——」

「各位觀眾朋友，您好，歡迎收看今天的節目，我是主持人朱楚文……」

棚內燈光亮起，我對著鏡頭笑盈盈地念著開場白，眼角餘光同時瞄著攝影給的暗示，鏡頭一切換，隨即轉身訪問身旁的貴賓。

這些再熟悉不過的電視主播日常，對於十年前才剛從研究所畢業、懷著滿腔熱

血投身新聞產業的我來說，卻彷彿一場夢。當時的我懵懂稚嫩，對於面對面採訪大師或名人，總免不了心跳加速，無法呼吸。

時間倒轉至十年前，我一畢業就在一間網路媒體公司擔任記者，負責跑全球晶圓代工龍頭廠，也是現在被眾多媒體與網友稱為護國神山的「台積電」。

台積電董事長張忠謀一直以來都是鎂光燈焦點，他的腳步到哪，我們記者就跟到哪，每天上班最重要的任務，就是不能漏掉台積電的所有消息，以及張董事長的任何言論，追隨董事長最勤快的非記者莫屬了。

就這樣跑了一陣子，我跟業界的資深記者大哥大姐們也越來越熟識。某一回，台積電在自家廠區舉辦記者會，窗外陽光炙熱，我和其他記者在臺北聽到消息，就以最快的速度頂著烈日，飛車抵達新竹。

坐在記者席上，前方從張董事長到發言人、財務長一字排開，底下媒體座無虛席，我如往常一般，靜靜守在自己的座位上，記錄記者會內容，一邊聽著其他資深記者大哥大姐精采提問，一邊把董事長的回答快速打入筆電。

大哥大姐們的問題陸續拋出，記者會氣氛也逐漸熱絡起來，加上大家都是跑台積電新聞很長一段時間的資深記者，跟公司都非常熟了，後來變成有點像聊天。我開心地參與其中，一邊低著頭記錄著，突然，現場出現一陣靜默，原來話題聊完了。

發言人問大家：「還有沒有什麼問題？還有誰要發問嗎？」

坐我附近、跟我很要好的一位某報資深記者大哥突然大聲開玩笑說：「有有有，楚文還有問題要問！」他拍拍我的肩後，笑著跟我說：「換妳表現啦！快提問！」

我當下整顆心臟都要跳出來了。那年我二十四歲，臺上的半導體教父已經快八十歲，臺上臺下所有的眼睛都看向我。那時的我對於半導體產業還在摸索階段，加上許多製程不僅技術複雜，名稱又多是英文，也不是短時間能通盤理解，台積電家大業大，光是廠區就有十幾間，市場上熱門的技術在哪一間我都還沒搞清楚，居然要我提問?!

天啊，我到底要問什麼問題才好？

印象中，我紅著臉站起來，速速問了一個現在早已想不起來，大概是關於產業競爭的問題。雖然已經遺忘提問內容，但我至今仍清楚記得那時心跳加速的緊張感受。

你是否也跟我有過同樣的遭遇，在毫無準備時，突然被要求在大眾面前提問呢？

現在回想起這段故事，我悟出了三個道理：

第一，提問機會突然就來，平時就要做足心理準備。誰都想不到何時可能要在大家面前提問，所以千萬別以為提問與自己無關。好比在會議上，老闆突然心血來潮，欽點你起來發表意見，或是針對專案提出問題，如果平時沒有學習提問技巧，或是對於「可能需要提問」做好事前準備，就會像剛畢業時的我一樣面紅耳赤。必須先做好心理準備，平時就告訴自己「隨時可能得在公眾場合提問和發言」，並針對這點預備，就能在關鍵時刻發光發亮，讓老闆和同事、客戶刮目相看，肯定你的專業價值。

還有，提問焦點放在對方身上，不要放在自己身上，就可以避免緊張。回想當初被點名向半導體教父提問的情境，我深刻感受到，自己會如此緊張，都是因為擔心：「提出的問題會不會很糟？」「現場好多人，如果問題不夠好會不會丟臉？」其實，這都是因為我把焦點放在自己身上，太重視自己的表現。

在提問的當下，應該把焦點放在對方身上，去思考：「我到底想要知道對方的什麼資訊？」「問哪些問題更有意義？」透過這樣的方式，讓自己專注於思考和對方的提問，進入心流狀態，就能轉移注意力，減緩焦慮和緊張。畢竟，誰都知道緊張也無濟於事，唯有動手解決才能開創更多可能性。

最後一點，沒有人天生會提問，相信自己絕對可以後天學習。

看完我當年提問受挫的故事，知道我電視臺主播身分的人恐怕很難想像，一個害羞的小記者，後來居然能面對面以中英文專訪諾貝爾經濟學獎得主、美國總統財經顧問、新興市場投資教父等，這證明了提問是可以後天學習的。

事實上，後來我盡了很大的努力讓自己進步，提升提問素質，並且從每一集專訪節目的收視結果中，去研究如何提出讓節目更好看的問題。即使我已專訪超過百位全球知名企業領袖及學者，至今我仍在研究提問、學習提問。

如果你覺得自己不善於提問，在公眾場合發言會感到膽怯，千萬要相信自己，不要放棄，你絕對能透過學習而改變，變得比現在更好。

接下來，我將一步步揭露，我如何從膽怯的小記者，蛻變成為有能力專訪世界級領袖大師的主持人，這當中的提問技巧與心境變化，相信也能為你帶來職涯的改變與祝福。

TIPS

會提問的人，都不怕突然被要求開口發問的祕訣：

1. 提問機會突然就來，平時就要做足心理準備。
2. 提問焦點放在別人而不是自己身上，有助於消除緊張。
3. 提問能力不是天生就有，相信自己絕對可以後天學習。

1-2

有膽問，也知道爲何而問

長官突然走到我面前說：

「外電記者請假，妳的英文不錯，可不可以準備一下，明天去專訪諾貝爾經濟學獎得主呢？」

電視臺工作節奏快，要你上場就得快速上場，可沒時間給你害羞……

我在網路財經媒體跑半導體新聞一年多後，轉戰電視臺擔任記者。進電視臺工作一直是我的兒時夢想，畢竟自己從小就是愛講話的孩子，我腦子裡簡單想著，寫新聞是靠筆吃飯，當電視臺記者是靠嘴吃飯，我嘴巴比較行，做電視這行，應該比較吃香吧？

但進到電視臺後，我沒想到的是，雖然靠嘴吃飯的工作更適合我一些，可是相對的，面臨的挑戰更艱鉅。

電視臺工作除了節奏更快，更需要團隊合作，還有一件對當時的我來說，實在是充滿挑戰的事情——要你上場就得快速上場，可沒時間給你害羞。

我記得自己剛到電視臺不久，某一天，長官突然走到我面前說：「外電記者請假，妳的英文不錯，可不可以準備一下，明天去專訪諾貝爾經濟學獎得主呢？」

我聽了當場愣了一下。我知道這場專訪並非普通訪問，而是公司當時開設的全新單元節目《關鍵對話》，專訪的記者需要露臉，整個節目會以一問一答的方式呈現；換句話說，如果我問得不好，那將會「全都錄」，在鏡頭面前全數曝光，而且對方還是全球知名的諾貝爾經濟學獎得主，真的壓力很大。

可是職場上的機會總是稍縱即逝，加上長官都開口了，不答應也不給長官面子，於是我跟自己內心喊話：「長官都對我有信心，我豈能對自己沒信心！」牙一咬，接下這個艱鉅的任務。

類似情況，在電視臺工作期間就遇過好幾次，畢竟新聞業節奏本來就快速，有時候突然需要擔綱重任專訪大人物，你也只能隨時做好準備，出發上陣。

慢慢的，幾次下來，練出膽量，原本覺得訪問名人的問題大綱，至少得準備一個禮拜，必須左思右想、旁徵博引，才能擬出最好版本；後來發現當時間緊急時，原來徹夜趕出來，也能奏效。**真正的關鍵不在於準備時間有多長，而是每一次逼自己上戰場時，一次又一次在腎上腺素飆高下，鍛鍊出的能力與耐力，以及能否掌握到核心重點**。

當然，不是每個人如此逼自己就能做到，我也聽過其他記者遇到相同情況，最終悲劇收場。我很幸運，度過了難關，也因為順利完成這一場諾貝爾經濟學獎得主的訪問，開啟了之後陸續訪問全球上百位企業領袖與專家名人的機緣。

我能如此幸運，並非我比別人厲害，而是恰巧在新聞研究所時，受過記者提問訓練。當時採訪寫作課上，學校從業界聘請來的資深記者，告訴我們一句話，至今仍讓我印象深刻：「你必須知道自己為何而問，到底這場訪問的目的是什麼？」

老師在白板上畫了一隻只剩下骨頭的魚，然後把魚頭大大地圈起來，寫下「問題意識」。

老師轉過身來，看著我們這些對於未來新聞工作充滿憧憬的研究生們，解釋道：「問自己為何而提問，就是找到『問題意識』。」

問題意識如同定錨，讓自己知道為何而戰，再去思考從中延伸的採訪問題，才能精準且精采。

老師畫的那隻魚，就是邏輯思考法著名的「魚骨圖」。那天課程的回家作業，就是要求我們依自己的採訪主題，畫出專屬的魚骨圖：**魚頭是問題核心（問題意識），而魚骨則是從設定的問題意識出發，所想到的每一個影響因子。**

想當年那隻魚讓我苦惱萬分，畫出的魚骨圖被老師修了又修；沒想到事隔多年，這隻魚卻救了我一次，也讓我在電視臺突發的採訪工作中全身而退。

人生中所有的努力都不會白費，每一段經歷都是養分。研究所繁重的課業教會我提問的首要之務，就是要先搞清楚「自己為何而問」，抓出問題意識就成功

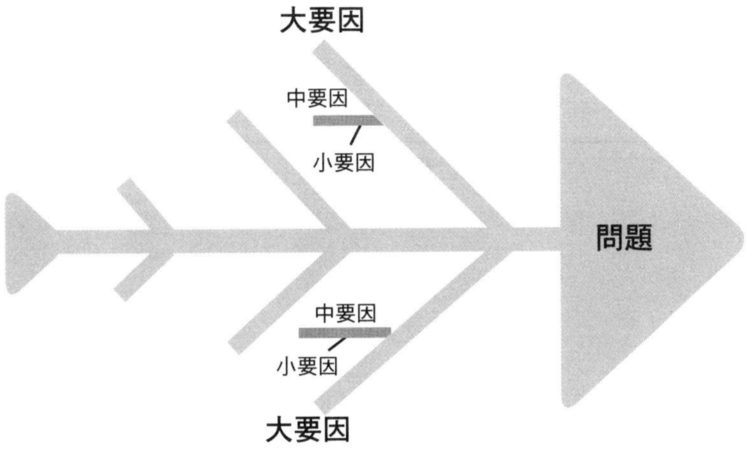

圖表 2：透過魚骨圖，從問題核心，找出每一個影響因子。

一半；而電視臺則訓練出能即時上場的膽量。兩相結合之下，就成為**鍛鍊提問力的核心關鍵：有膽，又知道為何而問**。當你掌握這兩個關鍵，就能透過提問邁向通往成功的康莊大道。

TIPS

會提問的人，不但有膽問，也知道為何而問：

· 敢問至少有機會，不敢問就什麼機會都沒有了。

· 找到「問題意識」如同定錨，問自己為何而問，等同知道自己為何而戰。

1-3

問一個讓人記住你的問題

採訪結束後，我就回去寫新聞了，跟對方也幾乎沒有聯繫。

沒想到過了幾個月，在某一場記者會上我們再一次見到面，

總裁看到我，居然叫出我的名字……

前些日子美國的好友回臺敘舊，我們聊到最近發生在他身上的一件幸運事。

在一場餐敘中，他因為向在場的一位企業老闆提出一個小問題，沒想到竟受到賞識，被稱讚他觀察敏銳，雙方開啟新的合作。

朋友笑笑地對我說，真是想都沒想到，當初只是出於好奇才發問，卻帶來職涯新機會。

俗話說，好奇心殺死一隻貓；但在職場上，好奇心如果轉換成精采又適切的提

問，很有機會能讓一隻貓上天堂。

我對朋友說，其實提問背後可以看出你的人格特質和觀察力，所以也不用謙虛，代表你真的很棒，只是提問讓你被人看見。

朋友對我點點頭，那時候我正在準備大大學院的提問力線上課程，他建議把這案例放入課程，藉此告訴更多人鍛鍊提問力的重要性，特別是職場工作者，千萬別輕忽了。而這門課上線後破一千六百人訂閱，多少也意味著有同樣共鳴的人不在少數。

其實類似的故事案例，我在採訪工作當中也曾經歷，格外感同身受。

有一回，我被派去採訪國際某晶片設計大廠總裁，那是一場非一對一，所有負責的科技線記者都去採訪的公開活動。當時，這家國際科技大廠正因為市場競爭，與臺灣對手針鋒相對，時常占據新聞版面。

我在採訪車上，用手機快速蒐集雙方角力的技術進程，以及領導階層的最新發言，而一邊蒐集資料，我也一邊思考：雖然雙方競爭白熱化是新聞焦點，不過這議題也是相對敏感和尷尬，可以想見，如果到時一遇受訪者，劈頭就問這一類的問題，對方肯回答的機率可能相當低。

於是我又找了一些關於該廠商產品市場的最新分析資訊，和研調機構的相關報告，做好萬全準備。

到達現場後，一如我的猜測，這位國際大廠總裁對於市場競爭問題，果真不願發表任何評論，這時，我準備的其他題目正好派上用場。於是我轉個彎問對方，對於新研調機構針對市場變化的分析有何看法，以及未來的營運展望。

採訪結束後，我就回去寫新聞了。因為平常自己的守備範圍主要是臺灣上市櫃廠商，因此訪問後跟對方也幾乎沒有聯繫。

沒想到過了幾個月，在另一場記者會上再次相遇，總裁一見到我，居然叫出我的名字。

這對於當時還沒當上主播、只是一名財經科技小記者的我來說，真的是非常驚訝和驚喜！他跟我說，因為我上回提的問題很棒，讓他印象深刻，所以就記住了我的名字。

後來，我和這位總裁成為朋友，直到我離開電視臺，自己斜槓創業，仍持續保持聯絡，甚至當我在廣播電臺開新節目時，他也前來力挺，當受訪嘉賓，我真的非常感謝他的支持與肯定，更要感激提問力，幫我一把。

這段經歷讓我深深感受到，問一個好問題，就能讓別人記住你。因為問題本身不只是個問句，也代表著「你是誰」。

你有多少料？問問題的深度，透露你的知識與涵養。

資深記者和菜鳥記者拋出的問題絕對不同，就在於知識涵養程度的差異。資深記者多年累積的經驗，對於產業的熟悉度、見過大場面，或是平日吸取大量的相關資訊，都會內化成提問的養分，讓問題更能切中核心，呈現漂亮的深度。因此對方可以從問題的設計，就能知道提問者有多少料。

你有什麼經歷？切問題的角度，顯示提問者的身分和經歷。

同樣一場記者會，財經線與娛樂線記者提問會完全不同，沒有誰好、誰壞，只是因為提問者本身的身分和經歷不同，關注和在意的點就不一樣。因此，從提問者切問題的角度，多少能看出對方的背景和經歷。

你有多體貼？問問題的態度，呈現你的個性與氣質水準。

提問就是人際溝通的一環，同樣的問題，不同的問法，會得到相異的效果和觀感，也呈現出你是否體貼對方。例如，同樣是問敏感議題，你的言詞毫不修飾，或是懂得在意對方感受，用較為貼切和中立的字眼來描述，這種種提問細節都呈現出你的個性與思想，而說話的身體語言，也盡顯你的氣質與水準。

你腦袋有多清楚？問問題的技巧，隱含著你的聰明程度和邏輯思考能力。

問題架構本身就是邏輯思考的呈現，一個腦袋清楚的聰明人，會問出具有清楚邏輯的問題；而當你跟對方的談話開始鬼打牆時，也能透過問題來釐清脈絡。因此從提問內容，就可以感受到對方的聰明才智。

別人能從你的一個提問裡，看出關於「你」的如此多訊息，也從而決定對方能否記住你這個人，讓真正的你被「看見」。

提問其實充滿學問，蘊含著許多個人密碼，做好準備的提問，能讓對方見識到你的優點，更能欣賞與認同你的專業。

TIPS

會提問的人，懂得問一個讓別人記住你的問題：

- 帶著對人的好奇心發問。
- 對方可以從你的問題得知關於「你」的各種訊息：知道你有多少料、你有什麼經歷、你有多體貼，以及你的腦袋有多清楚，進而讓對方記住你這個人。

1-4 小問題，大機會！善用人際關係破冰好幫手

「門口那位兇狠的大叔就是董事長隨扈，只要能卸下他的心房，就有機會訪問到董事長。」

正當我還在思索如何突破時，媒體前輩已經起身走向隨扈……

小時候的印象中，許久未見的長輩相遇時，常會問對方一句：「呷飽未？」兒時的我一直搞不懂，大人到底為何如此關心對方有沒有吃飽呢？長大後我才明白，原來肚子餓不餓不是重點，問這句話的目的，是要表達對他人的關懷，透過提問與對方自然而然開啟互動，拉近彼此的關係。

其實不只華人會用提問來破冰，外國人也深諳此道。例如一見到陌生人常問對

方：「今天天氣好嗎？」同樣醉翁之意不在酒，只是希望能聊起來，交交朋友。

問題再小，只要會問，就能締造友誼，應該是古今中外深知的人際交往祕密。在擔任記者、跑新聞時，我也常運用這招讓工作更順利。

記者常常需要去「堵老闆」，每當掌握到某企業領袖日常公開行程，新聞部長官就會指派記者驅車前往。到達該地點後，我們就在外頭等，希望有機會能採訪到他對於某個新聞事件或議題的看法，幸運的話還能拿到獨家新聞。

不過，想成功採訪到大人物，絕非易事，對方不僅可能看到媒體就落跑，甚至就算有意願接受採訪，也可能因為行蹤和記者預估的路線不同而錯過，成為美麗的錯誤，記者和攝影只能嘆息。

這時，若要避免窘境，就得善用小問題打通新關係，像是想辦法跟董事長身邊的隨扈聊起來，藉此探問到主子的心情和詳細的行程路線，或是跟會場工作人員打交道，想辦法打聽到會場的出入位置，有沒有特別的祕密通道等（重要人物可能就會從那裡離開），這些都是重要的消息來源。

我剛畢業時，就從資深媒體前輩身上學到這些技巧，更見識到資深記者運用小問題交朋友的能力，宛如呼吸一樣自然，令人嘆為觀止。

某一回，我奉命訪問某重量級董事長對於新聞議題的看法，到達現場後，發現會議門禁森嚴，記者根本無法入內。這時除了我，還有另一位資深媒體前輩也一起被擋在門口。

我和前輩交換了無奈的眼神，在跑新聞的現場，即使是不同媒體，但遇到相同困境，大家很快就變成同舟共濟的好朋友。

前輩跟我咬耳朵說：「妳看門口那位看起來酷酷的大叔，他就是董事長隨扈，只要能卸下他的心房，就有機會訪問到董事長。」

我抬起頭偷瞄了一眼，那位大叔面容黝黑、身材精壯、臉色凝重，看起來好嚴肅，一副拒人於千里之外的模樣，真不是一個好突破的難關。正當我還在思索該如何跨越障礙時，前輩已經起身走向隨扈。

「嗨～辛苦了，外面天氣很熱吧？這裡有罐水，要不要喝？」前輩遞上瓶裝水，在隨扈眼前晃著，配上大大的笑容。「你剛才過來，有塞車嗎？」「這會議開很久了嗎？」

媒體前輩笑吟吟地不斷問著，雙方有一搭、沒一搭，卻也開啟了對話。

奇妙的事發生了，我從遠處看著隨扈戒備的神色慢慢軟化，雖然還是感受得到堅守崗位的認真，不過雙方真的開始互動了。

沒多久，前輩回來找我，笑容滿面地說，他已經知道董事長演講幾點結束，會從哪個門離開，同時還神祕兮兮地給我看一張紙條，原來他要到了隨扈的手機！哇，真是太強了！

媒體前輩用的招數，其實就是善用小問題來交朋友。透過提出一些簡單易答、卻又能對他人表達關懷之意的小問題，讓雙方產生互動，進而從中增加彼此的好感度，得到未來問到更關鍵問題的機會。

所謂的「小問題」，簡單來說，就是一些看似無關痛癢，卻能開啟話題、讓對方樂於談論、容易回答的問題。

小問題的魅力正在於可以快速開啟話題，還能展現關心與善意，有機會藉此拉近關係。而從對方的回答中，也有機會找到可以延伸下去的話題。如果懂得用小問題來交朋友，你的人際交往將會更得心應手。

不過使用時有幾點注意事項：

別問跟對方無關的問題。小問題的定義，是由被問者決定。

千萬不要去問一個從沒看棒球賽的老闆說，最近有打棒球嗎？除非對方本來就很願意與你交談，否則只會尷尬冷場。事先針對受訪者蒐集資料非常必要，可以避免變成職場小白。

別圍繞小問題、卻漏掉關鍵問題。一個重要技巧是，預先擬好對方回答後的下一個問題。

在提出小問題之前，最好先在心中模擬對方回答後，自己可以延伸的下一個提問。特別是具有「任務性談話」的場合，例如專訪、客戶拜訪等。避免當對方回答完小問題後，自己無話可說，造成談話中斷，或是整場談話都圍繞著小問題，反而沒有問到主要問題的窘境。

別越界問過於私人的問題。什麼關係，問什麼問題。

問問題最怕越界，舉凡婚姻、健康、財務情況都屬於私人範疇，最好不要在彼此還很陌生的關係階段就開口詢問，否則可能會讓對方感到不舒服，就失去使用小問題破冰的好處了。

必須考量到雙方的關係深淺，避免冒犯對方。例如在心中先模擬自問：「我為什麼要回應你這種問題？」可以試著「揣摩對方有興趣、但沒被問過的事情」這樣的方向去設計提問。

簡單來說，小問題深具魅力，也是人與人關係破冰的好助手，平常可以多設想不同情境適合提出的小問題，遇到相關場合，就能派上用場。

透過多加練習，學會提出小問題一點也不難。

只要學會了，宛如擁有了人際交往的通關密碼，能讓陌生的氣氛變輕鬆，也讓你四海為友喔！

TIPS

會提問的人，善用小問題打通新關係：

· **善用小問題魅力**：提出看似無關痛癢，卻能開啓話題、讓對方樂於談論、容易回答的問題，快速拉近關係。

· **避開小問題地雷**：別問跟對方無關的問題；別圍繞小問題、卻漏掉關鍵問題；別越界問過於私人的問題。

1-5 原來會問問題，能讓身價大漲

外界看羅傑斯，可能聚焦於他常發表對於財經趨勢的看法，但其實羅傑斯的投資能力之所以如此精準到位，要歸功於他是一位提問高手。

你曾想過，提問力不只能帶來建立關係、增進解決力等無形的價值之外，還能帶來有形的財富資產，讓你身價大漲嗎？

我也不曾想過，直到訪問了「商品大王」吉姆．羅傑斯，我才瞠目結舌相信這是真的！

吉姆．羅傑斯是全球知名投資巨擘，與「金融巨鱷」索羅斯共同創立「量子基金」，聞名世界；他也因環遊世界找尋投資機會的壯舉，被稱為「華爾街的印第安那瓊斯」，以不到十年時間，賺進一生也花不完的財富。

外界看羅傑斯，可能聚焦於他常在 BBC、CNN 或彭博社等媒體發表對於財經趨勢的看法，但其實羅傑斯的投資能力之所以如此精準到位，要歸功於他是一位提問高手。

我在多年前曾專訪羅傑斯，貼身感受到他的厲害，不只是對於金融市場與經濟環境的熟悉，還有背後那顆靠著提問來滿足的好奇心。

羅傑斯熱愛到全世界旅遊，年紀輕輕就帶著太太環遊世界，不過每一回到新國家，他並非吃喝玩樂，而是抓緊機會，像記者一樣到處訪問。

他訪問的對象很多元，可能是跟超市員工閒聊，最近上架的商品多嗎？顧客人潮有沒有增加？或是跟計程車司機搏感情，問他們最近乘客給的小費是否豐厚？又或者拜訪政府官員，探問最近稅收情況如何？這些輕鬆卻又精準切中市場供需的提問，雖然是源於個人的好奇心，但也一步步幫助他蒐集到更多資訊，深入了解陌生市場，進而尋找到隱藏的投資寶礦。

羅傑斯就靠著「非常會問」，蒐集到有別於其他投資者的獨家資訊，以及豐沛、精準的正確情報，他將這些內容化為投資判斷的依據，在投資市場賺了大筆金錢。

羅傑斯最有名的戰役，就是在大家對市場紛紛感到悲觀時，逆勢加碼投資奧地利股市和債券，第二年，市場指數就暴漲了一百四十五%，讓他狠賺一筆，不僅在金融市場打響名號，更從身上只有六百美元的窮小子，至今累積六十億美元身價，晉身超級富豪。

其實不只羅傑斯，我在財經圈工作的這幾年，觀察身邊厲害的分析師和投資高手，也幾乎各個都是提問高手。

我擔任記者初期，曾有機會跟分析師一起去做所謂的「Call 公司」，也就是許多分析師的日常要務：拜訪上市櫃發言人或老闆，了解公司營運狀況。

每一次跟他們一起拜訪，都是收穫滿滿，因為他們非常會問！從公司營運、產品組合、競爭狀況、獲利變化到新事業的發展，透過簡單幾個問題，就能快速了解一間公司的最新進展，甚至能清楚掌握這間公司這一季會賺多少錢，能否達到市場預期。

對於這些法人、分析師而言，會不會問，直接影響他們能否獲利，如果問得好又犀利，就有機會賺進大把鈔票，也擦亮自己的專業品牌。而他們也藉由精湛的提問力，撰寫出具有市場價值的獨家報告，提供公司內的操盤手或市場大戶參考。提問力對他們而言，創造的就是有形的財富資產：投資收益與金錢報酬。

對於許多外資分析師來說，提問力更攸關自己的名聲與身價，特別是在大型上市櫃公司的記者會上，鎂光燈會特別聚焦在善於提問的分析師。這時，是否能提出一個好問題，不只影響公司的品牌，也決定自己的職涯名聲與前途，很可能因為提出一個好問題而聲名大噪，或是避開投資風險，身價跟著大漲。

因此，提問力除了能建立關係，拉近人與人的距離，增強解決問題能力、說服他人，和產生自信心外，也有機會能創造有形的資產價值和金錢報酬，端看你會不會在適當的時機使用，以及平常是否練習與重視。

提問看似平凡，卻能改變我們的人生，創造價值。千萬別小看提問力，它將成為你在職場上的祕密武器，有機會為你挖到財富寶藏！

TIPS

會提問的人不僅具備無形的能力價值，還能創造有形的金錢價值：

- 全球知名投資巨擘羅傑斯就靠著「非常會問」，蒐集到有別於其他投資者的獨家資訊。
- 法人、分析師靠著精湛的提問力，撰寫出具有市場價值的獨家報告；還可能因為提出一個好問題而聲名大噪，或是避開投資風險，身價跟著大漲。

1-6 埋頭苦幹「怎麼做」之前，先問清楚「爲什麼」

提案當天，我胸有成竹，認為自己一定會讓客戶滿意，沒想到一開會，客戶卻欲言又止，尷尬情況完全出乎我意料……

你是否遇過同樣的情形：熬夜趕出自認最好的提案版本，沒想到客戶卻不買單，認為你不懂他們的需求？

在職場上，有時難免碰上這種無語問蒼天的情境，不過你是否想過，這可能與埋頭苦幹之前，「沒有先好好提問」有關？

我離開主播臺，剛出來接案時，曾與一家大公司合作拍攝專題影片。對方的工作人員提供詳盡的資料，包括拍攝地點、機器設備和希望呈現的效果等。由於在電視臺工作多年，看到這些內容，我自認駕輕就熟，立刻統整後，洋洋灑灑寫了企畫腳本給客戶。

提案當天，正當我胸有成竹，認為這不外乎是已寫過不下百次的專題報導翻版，一定會讓對方很滿意。沒想到一開會，客戶卻欲言又止，對於影片企畫說不出哪裡不妥，卻又無法過關，尷尬情況完全出乎意料。

後來，經過來回溝通，確認客戶的需求後，我才明白，原來癥結在於這支影片的訴求對象並非一般社會大眾，而是客戶的合作夥伴。

因此，客戶並不在意這支影片是否吸引很多人關注，他要的反而是透過影片，讓合作夥伴能更明白公司的政策理念，達到凝聚雙方的效果。換句話說，影片夠不夠有趣不是重點，客戶真正想要的是公司政策理念概念的清晰呈現。

於是，我趕緊重寫一份影片企畫，目標族群鎖定為該企業的合作夥伴，捨棄部分有趣的科技操作描述，改以增添客戶想傳達的概念闡述。果然，這個版本很快就獲得客戶的共鳴。

這一次的經驗，給了我很大的提醒。很多時候，我們一接到任務就立刻往前衝，結果往往事倍功半，只管「怎麼做」，卻忘了在一開始去問「為什麼」要做這件事，去釐清任務問題的本質與核心，造成像我這樣往錯誤的方向走，浪費時間與精力。

其實，在職場上，菜鳥最常犯的錯誤就是「什麼也不問」，依慣性直接找對策，結果卻無法對症下藥。事實上，真正的高手接到任務時，都會透過問對問題，找到關鍵核心，先問清楚才採取行動，因為先有好問題，才會有好答案！

丹麥哲學家齊克果曾說過一句話：「表象如浮標，本質如魚鉤。」意思是，一般人看海時，常只看到水平面上的浮標，卻無法看透水平面下魚鉤真正的動靜，而採取錯誤的行動。換句話說，找到問題本質非常重要。

有了這次經驗，我往後與客戶開會，一定會使用記者常運用的「5W1H」提問技巧，更清楚掌握客戶需求：

What：客戶這次的專案內容為何？有哪些相關資料可以參考？

Why：為什麼策畫這次的專案？專案的目的為何？

Who：專案的目標族群是誰？為何設定他們做為目標族群？

Where：專案將會在哪裡進行？與客戶的銷售市場關係？

When：專案計畫將在何時進行？預計多長時間？

How：專案希望如何呈現？我能如何協助客戶？

透過這樣的方式，可以協助客戶找到現況與期望的落差，進行比較，最後就能有效找出最佳的著手方向。

我們常說很多事情要先想清楚再去做，但如何讓自己和團隊「想清楚」？其實就是靠「提問」。雖然提問看似需要多花時間，卻能幫助我們少走冤枉路，讓每一分力氣都能用在刀口上，也更能將問題解得漂亮，觸及核心。

先學習用提問找出問題本質吧！當你學會看透魚鉤在水平面下的真正動靜，就能掌握先

What	客戶這次的專案內容為何？有哪些相關資料可以參考？
Why	為什麼策畫這次的專案？專案的目的為何？
Who	專案的目標族群是誰？為何設定他們做為目標族群？
Where	專案將會在哪裡進行？與客戶的銷售市場關係？
When	專案計畫將在何時進行？預計多長時間？
How	專案希望如何呈現？我能如何協助客戶？

圖表 3：運用「5W1H」提問技巧，釐清客戶需求。

機、滿載而歸，因為好的解答都來自於聰明精準的提問，會問就能提升解決力！

TIPS

會提問的人懂得了解對方的需求：

· 問清楚，再做事。
· 運用「5W1H」提問技巧，釐清對方真正想要的是什麼。

1-7

會提問的人都很有自信

老闆為什麼需要特地從外頭請教練來向企業內部提問？明明教練對於產業和商場的洞察眼光，不會比老闆好啊。其實這就是老闆的厲害之處。

你在職場也有以下困擾嗎？

常常覺得待辦事項繁多，被工作追著跑，老是做不完；常感到混亂與焦躁不安，無法分辨事情的輕重緩急和工作的先後順序，總覺得每件事都很重要、急迫，壓力山大，不知怎麼解決？

還是，你正苦惱部屬或工作搭檔不聽從指示，經常為了和他人溝通而煩惱不已？又或者，你感到工作缺乏靈感，苦於無法獲得他人肯定，缺乏幹勁，但想換跑道，卻又面臨不知如何抉擇的窘境？

以上症狀雖然惱人，但也不難根治，其實就是患了一種名為「缺乏提問力」的共通毛病。

缺乏提問力，我們容易失去方向，面對問題無法找到關鍵核心，常常做白工，自然而然就容易對自己喪失信心，也難以獲得他人肯定；更遑論提問力本來就是人與人建立關係和溝通的重要一環，缺乏這項技能，更容易使自己深陷坑中，感到孤獨而沮喪，缺乏工作幹勁也只是剛好而已。

其實不只個人如此，企業經營時，也常遇到類似瓶頸，好像怎麼努力都無法突破，這時企業常會邀請「顧問」協助找出問題癥結和解決；而坊間顧問的主要工作，其實很大一部分就是「提問」。藉由一個又一個的提問，幫助企業循序漸進，找到盤根錯節的問題根源，才能對症下藥，解決病灶。

我曾經參與過一場私董會，現場不少上市櫃公司老闆，在環境優美的飯店會議廳中，還特地邀請一位「教練」來幫忙引導提問。對誰提問？當然是這些日理萬機、日進斗金的大老闆。

這群老闆學識、經歷都相當豐富，為什麼還需要特地從外頭請來一位教練來向他們提問？明明教練對於產業和商場的洞察眼光，不會比老闆好啊。

其實這就是企業領袖們厲害之處。

他們深知即使自己學識、經歷豐富，還是需要藉由教練的提問，刺激思考，透過外部第三方依邏輯提問，能找到原本忽略的問題癥結。

教練還特別安排企業領導人彼此提問，藉此幫助各家老闆從不同面向思考創意與難題，突破原本的瓶頸，每個人都收穫豐富！

這次的經驗讓我大開眼界，原來提問可以是企業和個人找回自信的最佳解方。我也發現，提問力具有三大魅力，能讓一個人變得更有自信：

自我進化：藉由提問可以一針見血觸及問題核心，進而設計出能改善的行動。想要改變行動，得先改變腦袋，因為人的行為往往受到問題支配。如果懂得對自己提問，就等於獲得開啟不斷自我進化的鑰匙，能讓自己越來越優秀，自然會更有自信。

堅定心志：如果懂得對自己提問，遇到需要抉擇的難題時，就能透過不斷自省分析選擇的優劣，此時因已透過提問達到較為全面的思考，對於最後的決策也會更有信心；當旁人質疑你的決定時，也較能說明選擇與決定的緣由，讓旁人感受到你的自信。

贏得支持：善於提問的人通常具備很強大的說服力，透過提問去引導，進而說服與自己看法不同的人，甚至是以提問協助團隊找出卡關之處，都有助於更有效達成工作任務，因此容易贏得同事與夥伴的支持。提問力就是腦袋邏輯力，強而有力的提問能展現聰明有條理的思考，成為個人在工作上魅力的來源。

其實優秀的人與平庸的人，從提問的內容就能看出差別。平庸的人面對困境時，會把目光聚焦在「找嫌犯」：是誰的錯？為什麼變成這樣？這狀態會持續到什麼時候？

然而，優秀的人會聚焦在「改變現況」，尋求解方，提問內容會傾向於：能把危機化為轉機嗎？該怎麼做才能擺脫困境、向前邁進？或是我能從中學到什麼呢？想當然，這樣的提問內容能正面驅使優秀人才往前走，即使遇到挫折也能轉化成內

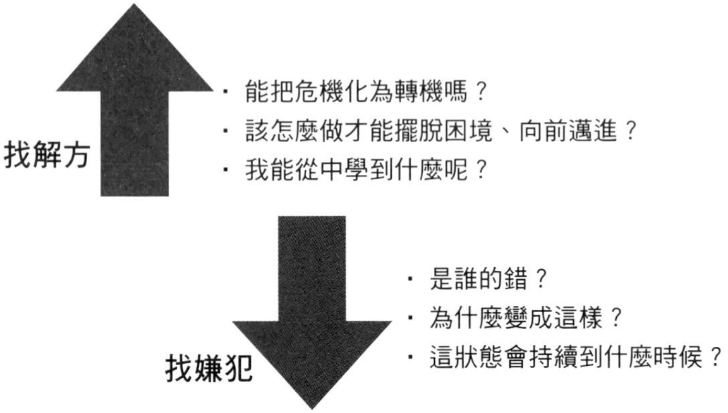
找解方
・能把危機化為轉機嗎？
・該怎麼做才能擺脫困境、向前邁進？
・我能從中學到什麼呢？
找嫌犯
・是誰的錯？
・為什麼變成這樣？
・這狀態會持續到什麼時候？

圖表 4：優秀的人與平庸的人，從提問就能看出差別：優秀的人「找解方」；平庸的人「找嫌犯」。

在養分與正向的經驗值。

改變腦袋就會轉換行動，提問力正是可以幫助我們自我提升的工具，善於對自己提問，能強化自信與決策力，同時容易在挫折中復原，提升邏輯思考；而對外聰明運用提問，有助於改善人際關係，創造新機會和改變他人行動，也能增加魅力。

想當有自信的人嗎？試試看，透過學習提問來幫自己加值吧！

TIPS

會提問的人都這樣建立自信心：

・**自我進化**：問出癥結，不受困舊思維。

・**堅定心志**：反問自己，不被他人左右。

・**贏得支持**：善用提問，說服與自己看法不同的人。

1-8 越會對自己提問，越能與壓力共處

YouTuber 告訴我，心理師專業的提問幫助他治療內心的糾結，沒有時間或金錢去諮商的人，能否對自己提問，來度過低潮？

答案是肯定的。

每個人都有陷入低潮的時候。前陣子，我跟一位知名 YouTuber 聊天，他坦言創作遇上瓶頸，突然不知道該拍什麼影片，也對於如何緊抓住粉絲目光感到無力。

我們在咖啡廳聊起這個話題，他說連他自己也感到很意外，明明現階段的訂閱人數亮眼，事業也穩健發展，知名度與收入都很豐厚，但不知道為何，可能就是因為什麼都得到了，突然失去目標感，不知道該往哪個方向前進。

我問他打算怎麼辦？他說，已經去看了心理醫生，決定坦然面對這樣的情緒。我好奇問：「有用嗎？」他笑著回答，心理師提出許多問題，幫助他思考和找到現在負面情緒的癥結點，「雖然問題暫時還沒解決，但我覺得有好一點了，起碼知道問題在哪，和自己可以調整的方向。」

低潮，其實就是人類眾多情緒中的一部分。美國加州的心理學家阿札巴（Marwa Azab）曾說：「當焦慮、痛苦、悲傷和不安，扛在肩上時，我們沒辦法走太遠的路。若不停下來安頓好這些負面情緒，還執意前行，最終可能傷痕累累，甚至被徹底擊敗。」

然而，到底該如何安頓好這些負面情緒呢？這位 YouTuber 告訴我，心理師專業的提問，能幫助他治療內心的糾結，那麼如果沒有時間或金錢去諮商的人，能否用一些對自己提問的方法來度過低潮？

答案是肯定的。

前些日子，中文卡內基創辦人黑幼龍出新書，我很榮幸邀請到這位情緒管理大師來上廣播節目。當時正逢疫情爆發初期，人心惶惶，股市大跌，加上大家都不敢出門消費，不少中小企業，特別是餐飲業大受打擊，全臺都籠罩在低迷氣氛中。

我在私人臉書貼文詢問大家，最想問黑幼龍老師什麼問題？底下留言最多的就是：「該如何克服負面情緒，在逆境中仍能維持正向思考？」

於是採訪當天我帶著這個大哉問，前往卡內基總部向黑幼龍老師請教。

黑老師雖然年歲已高，但精氣神十足，臉上總是掛著溫暖笑容，活力四射，不輸年輕人。聽到我的提問，他笑著跟我講了一個故事：

開利冷氣的創辦人威利斯．開利有一回幫大樓裝設空氣過濾機系統，工作到一半，猛一驚覺自己居然裝錯了線路。由於線路錯誤，可能影響到整個大樓的系統運作，讓這位創辦人當場渾身發麻，緊張得不得了。

但就在擔憂到幾乎無法繼續工作之時，他問了自己一個問題：「如果真的裝設失敗、無法補救，會有什麼結果呢？」

他想了想，答案應該就是「會被解僱、丟掉工作」吧！

「那如果最壞的狀況是被解僱，真的發生後，我又會如何呢？」他如此問自己。

「其實如果被解僱，依照自己的工程師背景，還是可以轉換跑道，再找到下一份工作。」想到這裡，這位創辦人的情緒漸漸冷靜下來，原來最壞的狀況也不是不能接受，還是有辦法處理的。

當他冷靜下來之後，眼前棘手的工作似乎就變得沒那麼恐怖嚇人，心中那股「完蛋了！沒救了！」的念頭也漸漸消退。

這時，他再問自己：「那麼最壞的情況有可能改善嗎？」由於情緒恢復穩定，壓力變得不再那麼大，他以試試看的心情去解決難題時，沒想到很快就找到了線路接錯的地方，修補過後，順利度過難關。

黑幼龍老師向我分析，其實這位創辦人就是在情緒低落時，靠著三個關鍵自我提問：「最壞的情況是什麼？」「我能接受嗎？」「我可否改善？」也就是藉由設想最壞的狀況、接受現況和設法改善的三個步驟，幫助自己度過情緒風暴，並且把負面情緒引導成正面積極的行動方案。

唯有行動可以對抗焦慮。當你不斷行動，擔心和憂慮就會淡化，你會在行動中找到機會，在機會中看到未來。

藉由提問，我們可以從一團混亂糾結中找到關鍵核心，把焦點放在這裡，就能離開情緒風暴圈，讓我們更專注在改善現況，而非挫敗情緒中；這也使得挫折不再如此可怕，而是能夠處理面對，從中獲得越挫越勇的能量。

很多時候，擔心與焦慮是源自害怕，而害怕會生成壓力，但就如卡內基的經典語錄：「人們擔心的事九十九％都不會發生，既然如此，我們為何要因為不會發生的事情悶悶不樂或憂慮呢？這樣豈不是很愚蠢嗎？」

而提問可以起到減法效果，減去憂慮與擔心，減掉想像出來的壓力，而減法是一種在求多的時代下真正的救贖。

TIPS

會提問的人都有超強抗壓性：

- 情緒低落時，提問可以引領你採取行動。
- 害怕而焦慮時，提問可以減去你想像出來的壓力，專注在真實的問題上。

1-9 比起直接說，用問的別人更樂意幫你

我認識他本人，知道他其實很友善，不會咄咄逼人、態度強勢，可是這句話為何讓我感到有一點被冒犯了？

我才赫然發現，原來這位朋友當時犯了一個錯誤……

我每天都習慣在粉絲頁上寫點文字，與臉書朋友們分享。某天上午，我正在電腦前對著鍵盤敲敲打打，突然，訊息框跳出來，原來是一位先前因採訪而認識的朋友，雖然只見過幾次，但我對他印象不錯。

他敲了我，說「嗨」。我也開心地回覆他：「嗨~好久不見！」心裡好奇著，是不是想跟我聊些什麼有趣的新近況。

沒想到，訊息框內緊接著出現的文字是：「今天我賣的產品打××折，有空

的時候幫我傳給需要的人。」

看到這一句話，我在電腦前先是一愣，緊接著一陣不舒服的感覺湧上心頭。

我當然很願意幫他的忙，但這句話卻讓我感到自己是被「命令」必須去做這件事；然而，他既不是我上司，也並非長輩，我為何要聽令於他呢？因此，我匆匆回給他一個「讚」貼圖，結束這段對話。

後來我仔細想想，到底為什麼心裡會覺得不舒服？為何感到被命令？特別是我認識他本人，知道他其實很友善，不會咄咄逼人、態度強勢，可是這句話為何讓我感到有一點被冒犯了？

後來，我在開發提問力課程，一邊準備教材，一邊思索提問的好處時，才赫然發現，原來這位本人其實很友善的朋友，當時犯了一個小失誤，就是沒有使用「問句」請對方協助，也因此容易讓對方心生壓迫，產生「我為什麼一定要幫你」的負面感受。

為什麼同樣的意思，改用提問句就能消除不好的感受？因為提問有一個最大的特性，就是被詢問的那一方擁有「拒絕的權利」。

當同樣一句話，改成：「請問你有空的時候，可以幫我宣傳，轉給需要的人嗎？」對於聽者來說，因為對方是用詢問的，所以我可以回答「好」或「不好」，而且不論回答哪一個，都不會冒犯對方，也在合理應答範圍之內。

但如果今天用的是命令句：「有空的時候幫我傳給需要的人。」對於聽者來說，他並沒有選擇權，頂多只能不情願地說聲「喔」。或是直率一點的人，可能會說「不要」，但這需要勇氣才能跳脫對話的框架，因為對方說出這個句子時，其實在文法上來說，並沒有給你回應的空間，也因此容易讓人產生壓迫感，好像「我非得聽你的」，造成溝通上的誤會。

換句話說，提問給予聽者的感覺是比較平輩的、對等的，因為聽的人擁有回話和表達意見的空間；但命令句或直述句，缺乏這樣的空間，會造成比較強烈的上對下的距離和壓迫感。

這位朋友沒有想要強迫別人推銷的意思，只是直接丟出命令句。這個句子很可能也非只對我一人，而是複製貼上給好幾個人，我只是其中之一。但他沒想到的是，直述句容易讓人產生誤會，也可能對他的印象打折扣。如果這樣的句子真的一口氣貼給好幾個人，很可能一瞬間這些原本的人脈統統都得罪光了，真是得不償失。

人際來往時，特別是請求對方幫忙，千萬別急性子。

如果能善用提問句，不僅容易與對方打成一片，也能避開冒犯他人的風險。

別再讓人誤會你不禮貌了，轉換一下句子，最後記得加個問號，提問句能幫助你人見人愛，讓大家更樂意幫助你。

TIPS

會提問的人，人人樂意幫助你：

- 直述句容易讓人覺得被命令，產生「我為什麼一定要幫你」的負面感受。
- 提問句給予被詢問的那一方「拒絕的權利」，不論回答「好」或「不好」，都不會冒犯對方，讓人更樂意幫助你。

Part 2

好問題 vs.
壞問題

壞問題讓你遠離關係，
好問題帶你直入人心，錢途無量。

2-1

什麼才算是好問題？LIRA原則讓你問得就是跟別人不一樣

訪談名人時，我常常事後看著節目播出，一邊抓頭，一邊想，咦，奇怪，為何這個問題問完，對方的回答會失焦？或是，為何我問了這個問題，來賓會眼睛一亮、滔滔不絕分享？

Part 1 我援引許多故事和例子來說明會提問的好處與魅力，看完以後，這時的你可能跟我在企業內訓的學生一樣，急著想問：「那到底什麼才算是好的提問？我該如何提出好問題，而非壞問題呢？」

先別急，Part 2 接著就要帶領你問出好問題。

首先，請你先問自己：「你知道提問其實是有架構的嗎？」

每一次在課堂上，當我反問學生時，常常見到大家的臉部表情一愣，很多人似乎沒想過，原來好的提問有一些共通元素與架構；甚至常見的情況是，把句子的尾巴加上問號，就以為提出一個好問句了。

那麼到底是什麼架構呢？

我因為主持節目與採訪工作，常需要向各行各業的人提問，對象可能是市井小民，也可能是上市櫃公司老闆，或者是像我前幾章提到的訪問國外名人如諾貝爾經濟學獎得主等。

訪問這些不同背景的受訪者，壓力最大並非訪問當下，而是每回播出時，所有提問都會「全都錄」，攤開在大眾面前！

訪談問得好不好，不僅赤裸裸呈現於電視螢幕，也影響著收視率表現，問了一個漂亮問題，訪談收視率就會上升，問了無聊沒重點的問題，收視率就下滑，真是令人捏一把冷汗。畢竟訪談節目就是兩人對坐討論議題，沒有絢爛畫面加持。一問一答的精采，就在於如何問與受訪者怎麼答，因此節目精采與否，提問至關重要。

猶記我當初剛接下訪談名人重任時，常常忙完一天返家後，看著節目播出，一邊抓頭，一邊想：咦，奇怪，為何這個問題問完，對方的回答會失焦？或是，為什麼我問了這個問題，對方會眼睛一亮、滔滔不絕分享很有價值的資訊？到底該怎麼問才能既問到核心，對方興致盎然，節目也有趣好看？

於是，經過多年磨練，在撞牆與跌跤、不斷嘗試、犯錯與調整後，我逐漸摸索出原來**提問有一套公式，只要遵循原則設計提問，就能輕鬆問出令人印象深刻的好問題，也能做為提問前的自我檢視，我簡稱為「LIRA原則」**。

所謂「LIRA原則」，是由四個構成好提問的核心元素開頭字母所組成，分別是L（Logical）：清楚合理的邏輯、I（Inspiration）：具啟發性、R（Relationship）：建立正面關係，以及A（Appropriate）：適合對方回答。

想問出好問題，先確認你的提問是否具備以下要素：

1.提問前提：L（Logical）——清楚合理的邏輯

你曾遇過有人向你提出問題，但聽了半天，還是搞不懂他到底要問什麼嗎？這很有可能是源於缺乏邏輯。

所謂清楚合理的邏輯，指的是問句本身沒有出現邏輯謬誤或前後矛盾，例如：「因為A，所以B」，或是「因為A，造成B，所以C」。

舉例來說：

「（因為）今天外面下雨，（所以）你要帶傘嗎？」

「（因為）股市上萬點掀起投資熱潮，（所以）不少新手投資人躍躍欲試，你認為現在是進場好時機嗎？」

「（因為）客戶新產品推出時間延後，（所以）我們需要更改行銷企畫，你們能先協助詢問客戶希望活動改到哪一季執行嗎？」

這些都是屬於具有清楚因果關係的問句，雖然句子本身省略「因為」「所以」，但能非常合理容易地添加回句子中（如括號所示）。

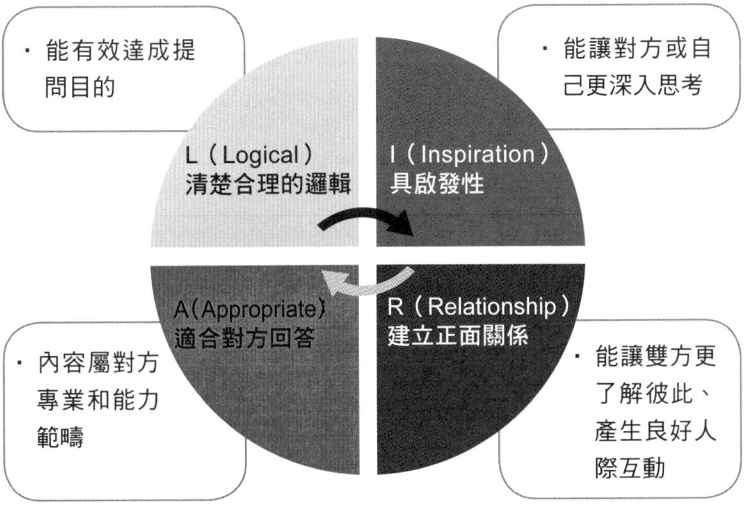

・能有效達成提問目的
L（Logical）清楚合理的邏輯
・能讓對方或自己更深入思考
I（Inspiration）具啟發性
A（Appropriate）適合對方回答
・內容屬對方專業和能力範疇
R（Relationship）建立正面關係
・能讓雙方更了解彼此、產生良好人際互動

圖表 5：好問題具備 LIRA 四項要素。

然而，若是這樣的問題：

「臺灣GDP今年預期成長5％，讓不少人擔心未來經濟景氣不佳，你認為該如何因應情勢，調整投資策略？」

這就不是一個合乎邏輯的提問，反而令對方感到疑惑。為什麼？只要對於臺灣經濟有一點了解的人都知道，一般而言，臺灣GDP成長率常在保1、保2邊緣，若能達到5％的成長率，代表經濟狀況非常熱絡，怎麼還會「經濟景氣不佳」？

由於這個提問句的前提本身錯誤，對方也會難以回答。因此，好的提問必須要有清楚合理的邏輯，可以檢視提問句中的語意是否清晰，以及前提正確與否。

2.延伸問題：I（Inspiration）——具啓發性

所謂的啟發，指的是讓人能從現有的知識出發，延伸思考相關的知識，足以引人聯想，並有所領悟。

簡單來說，具啟發性的提問意指你的提問能激發對方思考，甚至能讓對方腦中產生新的創意與體悟。

具有啟發性的提問通常難度相對較高，需要對於談話本身做好知識性準備，畢竟得先搞懂對方腦中在想什麼，才能夠引發深入思考與聯想，因此我認為這是提問的最高境界。

如何才能提出啟發性問題？關鍵在於提問本身必須加上一些對方關心的資訊、數據、新聞，讓對方聽到提問當下也能獲得一些新知，進而能與自身腦海中的知識做連結。若能提出具有啟發性的提問，通常能讓對方眼睛一亮，對你留下深刻印象。

3. 問完之後：R（Relationship）——建立正面關係

我認為一個好提問並非問完就結束，而是問完之後，雙方要能對彼此留下好印象，即使稱不上喜歡，也至少要能讓對方肯定你的專業。

我在媒體圈曾耳聞一些案例，某記者為了搶獨家新聞，約訪前沒有告知對方是負面報導，直至約訪後，雙方關係破裂。獨家新聞是拿到了，但未來可能再也約不到這個人。

對我而言，這樣的做法帶有風險。畢竟人與人的關係需要經營和長久的信任才得以建立，直接殺雞取卵，失去未來可能有更重大的事件、能向對方提問的機會，我認為並不值得。

特別是在職場上，若沒有需要搶獨家新聞的壓力，提問的評量標準更應該以是否能建立雙方正面關係為前提，未來能否有更多合作機會來衡量。

4. **最後確認：A（Appropriate）——適合對方回答**

一個好的提問，一定是適合對方回答的提問。

因為對方既然已經撥出時間給你了，絕對不希望自己接收到的是無法回答的問題（除非情非得已，例如：法庭質詢，或是媒體負面報導澄清）。

因此，在提問前先搞清楚對方是否為談論這個問題最關鍵與適切的人選，是對於受問者的基本尊重。

千萬不要跟對方牛頭不對馬嘴，他明明懂A，你偏問B，不僅容易吃閉門羹，也會讓對方感到不舒服，甚至影響你的專業形象。找到合適的人量身訂作適合的問題，是提問成功的重要關鍵。

以上就是提問的基礎架構LIRA四大原則。總結來說，一個好的提問定義就是，具備清楚合理的邏輯，且適合對方回答，對方也樂於回答，同時提問能讓對方有所啟發，進而對你留下正面印象，雙方關係能更靠近。

接下來各章，我將分別深入說明各項要點，只要把握好以上原則，在提問時檢視是否具備這四項元素，你也能提出令人驚豔的好問題！

TIPS

想問出好問題，先確認你的提問是否符合 LIRA 基本架構：

L——**提問前提：邏輯是否清楚合理**，前因後果是否完整陳述？

I——**延伸問題：提問是否具啓發性**，對方聽了能否聯想更多、答得更好？

R——**問完之後：雙方能否對彼此留下好印象**，下一次還能繼續合作？

A——**最後確認：內容是否適合對方回答**，你真的找對人、問對問題了？

2-2 別再只會用「你覺得呢」做結尾

許多人會嘲笑新進的電視記者，在車禍或災難現場拿著麥克風問受難家屬：「發生這樣的災禍，你的心情如何？你覺得呢？」但笑歸笑，你是否發現自己在不知不覺中，也可能犯同樣的錯？

不知道你有沒有遇過這種狀況：耕耘多時，終於約訪到重要客戶或老闆，滿懷期待，一心想把握千載難逢的機會，在對方心中留下好印象。但見面後一開口提問，對方卻一臉疑惑，搞不清楚你要問什麼，甚至直接打槍，覺得提問很沒邏輯？

這種情況，應該可以列入人生十大慘況之一吧！

「沒邏輯」簡單三個字雖然不是罵人的話，聽起來卻超傷人，而且還很抽象。你可能也一頭霧水，什麼是「沒邏輯」？為何我的提問會讓人有這種感受？

到底要如何才能問出別人一聽就懂，心中認定「有邏輯」的好問題呢？

我過往採訪時，這個問題也深深困擾著我。畢竟，受訪者都是各行各業的專家領袖，時間寶貴，如果提出沒邏輯的問題，不僅現場一陣尷尬，也會讓對方不悅。問出具有邏輯感的問題，對我來說是基本專業，也是對於受訪者的尊重。因此，我每天重要的工作內容之一，就是檢視自己的提問，到底有無切中核心，不僅能讓受訪者理解，還要讓電視機前的觀眾，即使不熟悉談話主題，也能知道我在問什麼。

經過多次實戰經驗，我慢慢理解有邏輯的問題是什麼面貌。以下我先統整出缺乏邏輯的提問，基本上犯了三大錯誤：

錯誤一：缺乏明確問題點

許多人會嘲笑新進的電視記者，在車禍或災難現場拿著麥克風問受難家屬：

「發生這樣的災禍，你的心情如何？你覺得呢？」

這樣的提問，常讓受訪者難以回答。不只因為缺乏同理心，更重要的是「你覺得呢」這句話，沒有明確的問題點，讓對方不知從何回答起，畢竟都這麼悲慘了，還該怎麼「覺得」呢？

但笑歸笑，你是否發現自己在不知不覺中，也可能犯同樣的錯？「你覺得呢」是不少人在提問時，常有意無意安插在結尾的提問。

例如，公司同事開會討論新一波行銷計畫時，你靈機一動，想到能搭上時事議題的點子，於是興沖沖建議：「我想到了！最近政府推出振興經濟三倍券，發新聞稿不錯，你們覺得呢？」接下來，發現無人接話，又或者同事回應了，卻不容易聚焦，很容易聊到外太空。

問題到底出在哪裡？這個點子或許很棒，建議也沒有不對，但「你覺得呢」作為結尾，缺乏一個能讓對方明確回應的「問題點」，參與會議的同事，可能會不清楚該如何回答。是要回答「不錯」，應該執行？或是「發什麼的新聞稿」？還是「不發」？到底該「覺得什麼」呢？

這時，不妨將問題改成：「政府推出振興經濟三倍券，恰巧我們公司最近推出新產品，是否要搭上時事議題，加上優惠方案，擴大產品宣傳，例如：發布新聞稿，增加曝光度？」

如此一來，同事也能更清楚明白，原來你打算配合公司推出的新產品發新聞稿，搭配熱門議題來增加曝光度，大家的回應也可以更聚焦，把討論重點放在是不是需要發新聞稿、怎麼發，會議也會更有效率。

這就是提問中有無「明確問題點」的差異，人、事、時、地、物，你到底想問哪一個？明確地問出來，取代泛泛而論的「你覺得呢」，會讓對方更能夠抓住問題焦點，準確回答你的問題，同時，你也能顯得更專業喔！

錯誤二：缺乏連貫性

沒有連貫性的問題，常讓受訪者搞不清楚你到底要問什麼，以及為什麼而問。例如，你遇到客戶，問他：「公司今年有哪些新計畫？」他回答後，你下一個問題並沒有針對他的回答，去進行更深入的探問，而是改接一個八竿子打不著的問題：「明天要不要一起去某一場論壇？」這會讓客戶不知道你為何提問，也造成談話中斷。

比較好的方式，應該是提出的每一個問題可以連貫下去，一步步由淺入深，問到問題核心。

例如：「今年公司有哪些計畫？」↓「你會參與這些計畫的哪些部分呢？」↓「你參與的某個部分，我剛好有相關資源，有沒有興趣？」↓「要不要一起去跟這計畫相關的某論壇，激發靈感創意？」

透過層層連貫的提問，所有問題都聚焦於同一主題，不僅能活絡談話氣氛，對方也能更清楚你的提問目的，進而更願意回答，帶出提問效果。

錯誤三：論述太跳躍

一般合理的論述應該是「因為A所以B」，或是「因為A所以B再造成C」，彼此之間有強烈因果關係。然而，許多人提問時沒有解釋清楚前因後果，直接說B，或直接從A跳到C，缺少了中間環節的邏輯說明，就會讓聽的人「霧煞煞」（臺語「不清楚」的意思）。

就算是具有專業背景的研發人員、藝術工作者、充滿理念的創業家和大老闆，也常犯這種錯誤，主要原因是他們腦袋太好了，覺得這道理很簡單、理所當然就是如此，所以中間的推論都沒說，卻忽略聽的人不一定對這個領域同樣如此了解。結果往往對方搞不懂問題是什麼，或是話題突然就結束了，非常可惜。

建議在提問時，將前因後果特別說清楚，並善用比喻。例如，我過去在電視上介紹半導體晶片時，就會拿出一支手機，對著鏡頭比喻：「半導體晶片就如同手機的大腦，可以運算和分析出我們想要的資訊。」對觀眾而言陌生又冷冰冰的晶片，頓時變得可親多了。

另外，如果你是專業人士，在重要訪談前，也可以先試著跟不同領域的朋友練習，看對方能否理解你的提問內容，來確定哪一部分需要再深入解釋，讓提問更加平易近人。

想要提出清楚有邏輯的問題，其實並不難，只要掌握這三個訣竅：具有明確人事時地物的問題點，讓問題具有連貫性、論述環環相扣，提問也能成為形塑你專業形象的好幫手。

TIPS

想問出好問題，你的提問要有邏輯：

・**明確問題點：**別再以空泛的「你覺得呢？」做為提問結尾；明確的人、事、時、地、物，你到底想問哪一個？

・**具有連貫性：**一連串的提問應該由淺入深，問到核心。

・**論述不跳躍：**前因後果說明清楚，並善用比喻，幫助對方理解。

2-3 這樣才叫問到重點！5W1H讓你遇上什麼重要議題都不怕

我正準備播新聞時，突然眼前一片黑，原來是讀稿機壞掉了！
我趕緊低下頭看稿子，但只有短短幾秒鐘時間反應，實在不容易。
遇到這種情況時，難道只能聽天由命、憑運氣過關嗎？

剛進新聞圈當記者時，我頂著學生妹妹頭，總是一臉初出社會、稚氣未脫的興奮神情，前往新聞現場採訪。

記者會上絢爛的鎂光燈前，各家品牌紛紛秀出最酷、最炫的新產品，由漂亮美豔的模特兒風情萬種地展示著。臺上臺下眾星雲集，場面華麗，我宛如劉姥姥進入大觀園，看什麼都新鮮有趣。

依稀記得，有一次我跟著資深記者見習，一同跑新聞回來後，長官指派我也試著寫一篇新聞稿。打開辦公桌電腦，新聞現場畫面在腦中盤旋，想要寫的很多，素材很豐富，但我的手卻是一行字打完，想想不對，按下delete鍵，打完一行，卻又重寫，總覺得哪裡不對勁。時間分分秒秒過去，眼前的Word檔還是只有零星幾個字，內心越來越焦慮。

為什麼會這樣呢？只能說一切都太有趣了！眼前所見的點點滴滴在我眼中全是重點。短短一、兩分鐘的新聞哪夠用，每一個精采時刻都不能放過！到底哪些該呈現、哪些該割捨？哎呀，真不容易！

這是初入媒體業的記者幾乎都會遇上的撞牆期經驗，你是資深記者還是菜鳥記者，高下立見。後來，隨著採訪經驗越來越豐富，我才明白，原來資深記者能在短時間內抓住一場大活動的內容重點，寫出叫好又叫座的新聞稿，不像菜鳥記者容易偏題和失焦，就在於腦海中早有一套說新聞故事的架構：5W1H。

不論記者會多絢麗盛大，資訊多龐雜，只要掌握住提問架構：誰（Who）在哪裡（Where）何時（When）做了什麼事（What）？為何如此做（Why）？以及有什麼影響（How）？就能精準快速呈現新聞重點，說一個簡單易懂的故事。

這招不僅跑新聞適用，在主播臺上更是救命神丹。

某一回，我正準備播新聞時，突然眼前一片黑，原來是讀稿機壞掉，我趕緊低下頭看稿子，但短短幾秒鐘時間，要能立刻對焦把稿子內的新聞說清楚，對於當時剛當上主播的我來說，實在不容易。

播報完走出攝影棚，我垂頭喪氣地請教資深主播前輩，遇到這種情況時，難道只能聽天由命、憑運氣過關嗎？美麗的資深前輩對我笑一笑說：「其實，你只要掌握5W1H說故事的方法，就能夠安然度過啦！」

原來這位播報資歷豐富的前輩，每回拿到新聞稿時，都會快速用5W1H把重點圈起來，以防遇到讀稿機壞掉，或是任何突發狀況，不管發生什麼事，她都能快速找到關鍵字串起故事，在鏡頭前說出一朵花。

於是，我也開始用筆依照5W1H架構，在內心問自己：「誰（Who）在哪裡（Where）何時（When）做了什麼事（What）？為何如此做（Why）？以及如何影響（How）？」找到答案後，圈起來，並且按著5W1H敘事模式播報出來，通常都能度過難關。

因此，不論是問自己，或是訪問別人，5W1H都是可以幫助我們快速掌握的好幫手，套用到提問上，我稱為「5W1H提問法」，也就是在提問的句型中，放入人、事、時、地、物：何事（What）、何人（Who）、何時（When）、何地（Where）、為何（Why）及如何（How），幫助我們更快更聚焦地有效提問。

舉例來說，我在電視臺被指派去採訪諾貝爾和平獎得主、窮人銀行創辦人穆罕默德．尤努斯博士時，面對「窮人銀行」如此陌生的概念，我就是運用5W1H提問法來幫助自己快速抓到重點和聚焦：

What（**何事**）：「窮人銀行的概念是什麼？」

When（**何時**）：「窮人銀行的概念是何時開始萌芽？」

Why（**為何**）：「為什麼想要打造窮人銀行？

圖表6：5W1H提問法：誰（Who）在哪裡（Where）何時（When）做了什麼事（What）？為何如此做（Why）？以及如何影響（How）？

希望解決什麼樣的問題？」

Where（**何地**）：「窮人銀行當初從哪裡發起？現在又推行到哪些地區和國家？」

Who（**何人**）：「窮人銀行鎖定的目標族群有誰？」

How（**如何**）：「現在窮人銀行運作得如何？未來計畫如何再擴大效益？」

透過這樣的方式，你就不會在電腦前一直卡關、生不出問題，而且提問不僅明確也更加全面，能輕鬆掌握這位大師的創業故事與理念，受訪者聽到提問時，也能輕鬆了解你到底想要問什麼，讓訪談順利進行。

5W1H提問法不僅採訪和播報時好用，其實任何時候都可以成為我們掌握重點的關鍵工具。

假設，今天公司會議要針對「政府推出振興經濟三倍券，公司正好推出新產品，可以搭上新聞熱潮，加碼行銷」進行討論，而你是會議上的重要人物，該如何讓會議討論熱絡，而且掌握重點？其實你也可以試著運用5W1H提問法！

What（**何事**）：該發什麼樣內容的新聞稿才能吸引目光？

Where（**何地**）：產品應該針對哪些通路進行優惠活動合作？

When（**何時**）：預計這個月還是下個月進行優惠活動呢？

Who（**何人**）：應該針對哪一類型的消費者進行宣傳？

Why（**為何**）：為何消費者會選擇我們的產品而非競爭對手的產品？

How（**如何**）：該如何提出有效的行銷活動？

透過這樣的討論，就能具有層次而且切中核心地完整討論主題，讓自己與團隊都更能掌握前進方向。還在為怎麼問都問不到重點苦惱嗎？快來試試 5W1H 提問法吧！

TIPS

想問出好問題，你要問到重點：

在提問的句型中，放入人、事、時、地、物：何事（What）、何人（Who）、何時（When）、何地（Where）、為何（Why）以及如何（How），5W1H幫助我們更快更聚焦地有效提問。

2-4

對方答非所問怎麼辦？三角邏輯法神救援！

諾貝爾經濟學獎得主沙金特博士一句「QE3無用最好」，把我辛苦準備的訪問大綱判處死刑，訪綱前提被完全否決！一堆人盯著等我反應，該怎麼辦才好？

前一章我們學會了使用5W1H讓提問更有架構、更快抓到重點，不過當你來到實際現場時，情況往往不如想像中簡單：即使我的提問很有邏輯，但對方卻答非所問時，該怎麼辦？或是，遇到不按牌理出牌的受訪者，該如何處理？

我就曾遇到如此窘境。我剛進電視臺不久，恰巧遇到資深外電記者臨時無法採訪，長官因此委以重任，希望我隔天去採訪諾貝爾經濟學獎得主沙金特博士。

當時才二十五歲的我，接下這項任務，心中的興奮與緊張不言而喻，除了對方可是近八十歲的總體經濟學巨擘，還得全程用英文採訪，真是難上加難的挑戰！

我不敢馬虎，立即著手準備，使用5W1H提問法蒐集沙金特博士的相關背景資料，又去搜尋當時最熱門的財經議題——美國即將實施第三輪的量化寬鬆（QE3）政策，我對各層面的影響都了解一番；甚至為了讓訪談順利，我把中文資料蒐集一遍，再用英文資料蒐集一遍，確保自己對於專業的財經名詞翻譯有所掌握。

經過徹夜努力，我梳理手中資料，整理出5W1H的問題架構，以美國將實施QE3為主題出發，探討這對於美國經濟將帶來什麼影響？對全球經濟又會有什麼影響？為何美國要實施QE3？預期的效果如何？我懷著緊張忐忑的心情，隔天一早準備好出發，前往沙金特博士下榻的飯店採訪。

進到飯店內，沙金特博士一臉親切可人，還拿起桌上的臺灣品牌筆電，笑著對我說：「最喜歡臺灣的筆電了，真好用。」一番親切言論讓我稍稍放下心中大石。

不過等到燈光、攝影架設好、導播喊「三、二、一」開錄後，我丟出第一個問題詢問沙金特博士：「美國預期實施QE3，這將會帶動美國經濟發展嗎？」

沙金特博士卻緩緩看著我，不疾不徐地對著鏡頭說：「QE3無用最好。」

QE3無用最好？What?!

我一瞬間呆若木雞，因為這句話等同於宣判：我辛苦準備的訪問大綱被處死刑！畢竟依照我手中蒐集到的資料，多是偏向顯示QE3實施將對經濟有所幫助，因此依5W1H設定的訪綱前提都是「樂觀預期」，訪題則層層設定為：對美國經濟帶動將有多好的成效？是否也因此帶動全球經濟？將有助於股市上漲嗎？如今沙金特博士一句「QE3無用最好」，讓我的訪綱前提被完全否決，不用等QE3無用，我的訪綱先無用了。

這應該是我採訪生涯中數一數二的危急時刻。

好險我在高中擔任辯論社社長時，受過邏輯訓練，於是就在一堆人盯著我等待反應之際，我立刻想到祭出「三角邏輯法」救援！

所謂三角邏輯法，簡單來說，就是三個問句構成的三角邏輯，分別是「Why」「Why So」「So What」。

三角邏輯法的基本概念是：當對方提出一個新主張時，由於一個主張要能論述完整，必須具備資料佐證（說服材料）和立論依據（說服的理由），才能讓主張的

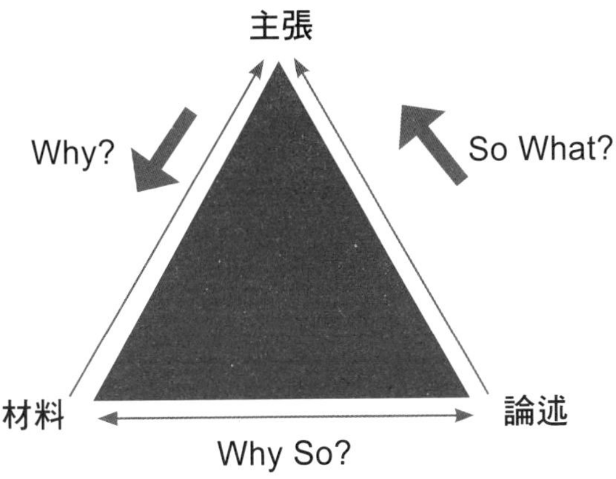

圖表7：三角邏輯提問法。

立論變得完善。

因此，反過來思考，我們在提問時，也可以依照同樣脈絡去拆解對方腦中的想法，藉由針對主張詢問「為什麼」（Why），去了解對方的立論依據；接著，再針對第一層的說服理由，詢問「又為什麼會如此」（Why So），去探討對方說服理由的可靠性。

當對方更深入提出第二層立論依據或提供說服材料時，例如資料佐證，你可千萬別急著收工，這時再輔以詢問「所以有什麼影響」（So What），就能更全面掌握對方觀點的思路邏輯和應用層面。

鏡頭回到訪問沙金特博士的現場。

當沙金特博士提出「QE3無用最好」

的新主張，我與其呆在現場，其實更棒的方式就是套用三角邏輯法，先去理解博士新主張的邏輯依據。因此我拋開已經不合時宜的訪綱，丟出的第一個新問題就是「Why」：「為什麼QE3無用最好呢？」

這時，沙金特博士緩緩道出，根據過去的資料顯示，實施QE對於經濟不一定有所幫助，反而可能拉大貧富差距。

聽到這裡，如果我點點頭稱是，不再追問，那就太可惜了，不僅談話將會戛然而止，而且也沒有更深入理解博士的思維。

因此，我拋出第二個提問「Why So」：「為何QE3實施對於經濟沒有特別大的幫助，甚至可能造成貧富差距擴大呢？」

這時，沙金特博士進一步說明，原來是因為QE3將造成通貨膨脹，而這樣其實是把金錢從普羅大眾手中轉移到政府和有錢人的口袋。

到這裡，我已了解，為何沙金特博士對於QE3的看法跟其他市場分析不同，原因是羊毛出在羊身上，看起來撒錢救市的擴大振興經濟手段，其實只是美麗糖衣，包裹著因通膨而拉大貧富差距的惡果。

這時，雖然已經知道沙金特博士為何認為QE3無用最好，但我若急著結束談話，就無法更前瞻地掌握議題，因此我選擇再追問「So What」：「如果QE3對於經濟不一定有幫助，美國實施後又會如何影響經濟發展？」

沙金特博士面有難色地說，這會造成美國的財政負擔，使得美國政府債務赤字擴大，其實長遠來看，會對經濟造成不良效果。

至此，這場訪問已基本上完整，我不僅理解沙金特博士認為「QE3無用」最好的原因，也能描繪與想像出實施後的經濟衝擊。

這集訪談播出後，也幸運地獲得許多觀眾迴響。若非三角邏輯法救援，我可能無法解套，謝謝沙金特博士精采的回應，也感謝三角邏輯法幫助我的訪談流暢進行，針對議題能更有方向地深入探索。

三角邏輯法就是如此好用，不只可以應對訪談時對方的答非所問，也能幫助自己更快掌握議題方向和重點，快速拆解對方的思路，只要掌握好三個問題：「Why」「Why So」「So What」，即便遇到危機，也能化為轉機！

TIPS

想問出好問題，用三角邏輯提問法：

‧Why：為什麼？了解對方這麼說的理由。

‧Why So：又為什麼會如此？了解對方提出的理由的可靠性。

‧So What：所以有什麼影響？了解對方的完整想法。

2-5

提問善用「Why」和「How」，更能啟發人心

啟發性問題，就是指問題不只對於提問者有意義，對被問者來說，也能從問題本身獲得價值，能為雙方帶來益處，我個人認為這是提問的最高境界。

我在大大學院錄製線上課程，與工作團隊商討「超精準提問力」課程規畫時，工作夥伴希望我分享：如何能問出一個讓對方眼睛一亮，甚至對你留下好印象的問題。

聽到這個建議，我也眼睛一亮，忍不住笑了。原來大家都知道，好的提問能在人際互動中發揮關鍵影響力，在別人心中留下聰明、專業或得體的印象。換言之，

一個好的提問不只是一個問句，其實背後傳遞詢問者的特質與思考，也是人際間彼此了解的重要度量。

這讓我想起一段往事。

某一回我在廣播電臺主持節目，邀請到一位重量級來賓，他在科技圈輩分之高，是會讓其他長官級受訪者直呼「能與他上同一個節目真是榮幸」的等級。

這位嘉賓一進到錄音間，果然氣場強大。我還來不及向他自我介紹，就得立刻接招他拋來的許多犀利問題：你們電臺有什麼特色？節目做多久？妳之前是做什麼的？

連珠砲似的問題，配上他嚴肅專業的神情，以及確實可見的輩分落差，我內心立刻緊張起來，就怕嘉賓不滿意，或是不夠認同節目，會讓等一下的錄音現場氣氛尷尬。

我壓抑緊張心情，先為嘉賓倒杯水，接著引導他進到廣播間，配合快節奏語速，精要地介紹電臺、節目及我的工作經歷。然而這樣的緊張氣氛並沒有消散。

直到廣播節目開錄，我按照往例開場完，接著訪問嘉賓，並針對他的回應提出了一個讓人反思的疑問後，我才終於見到這位嚴肅的前輩，神情突然放鬆，笑著對我說：「這是一個值得探究的好問題。」

至此，嘉賓的心房似乎打開了，滔滔不絕越說越多，對於我在節目中做效果的幽默回話，也熱情反應。訪談完後，更令我意外的是，這位前輩不僅跟我交換聯絡方式，還在事後傳訊讚美我的主持功力很好，原來ＩＣ之音有這麼棒的節目。

收到這則訊息，可以想見我不僅鬆了一口氣，心情還變得多開心了，真是難能可貴的經驗啊！

而這樣戲劇性的轉折，並非因為我口才多好，把電臺介紹得多吸引人；關鍵英雄就是一個「具啟發性的提問」。

所謂「啟發」，根據百科字典的定義，指「誘導開發，使其領悟通曉」。簡單來說，就是能讓人能從腦中現有的知識基礎，延伸思考，並產生新聯想，有所領悟。

因此，啟發性問題，就是指問題不只對於提問者有意義，對被問者來說，也能從問題本身獲得價值，例如：拓展思考、進行反思等。因為提問能為雙方都帶來益處，我個人認為這是提問的最高境界。

那到底該如何才能問出漂亮的啟發性提問呢？

一想到不僅問題要亮眼，能問出重點，還得讓對方也獲益，特別是當受訪者學識經驗豐富時，實在不易，許多人可能會打退堂鼓；先別那麼快放棄，其實，我從實戰經驗中發現，啟發性提問可以透過技巧快速上手！

前面提到，5W1H提問法能夠快速抓住提問架構，而若**想問出進階版的啟發性提問，有一個小訣竅，就是掌握其中「Why」和「How」兩個提問關鍵，就能簡單問出啟發性提問**。

為何Why和How是啟發性提問的精髓呢？

相較於When、Where、Who、What聚焦於談話主題的人、事、時、地、物，只是單純蒐集具體的背景資料；Why與How則著墨於對方的動機、想法與前瞻看法，也因此更能促進對方反思現況和對於未來的想法，容易激盪出談話火花；對於受訪者來說，藉由回答問題，也等於釐清自己的思緒脈絡，頗有價值收穫。

不過，若只是在問句中單獨使用Why或How，雖然方向正確，卻少了點精采，問題也顯得比較單薄。如果**希望提問更豐富，問題更漂亮，教大家一個我研發獨創的提問公式：在Why / How之前，擇一加上Who / What / Where / When**。

可以將部分你已在Google上查到的When、Where、Who、What資訊，變成提問的背景內容，與How、Why進行連結，雙方相加，就容易創造啟發性問題。

舉例來說，我當初採訪窮人銀行創辦人尤努斯博士時，面對窮人銀行這樣嶄新的概念，我就使用這個公式讓問題更精采：

「當初大家都稱呼您為『窮人銀行家』，因為您選擇借錢給窮人，而非有錢人，也成功扭轉全球一億人口的命運（What），當初您是基於什麼理由，為何做出這樣的決定呢？（Why）」

藉由「What」他的背景資料作為前端引言，呈現出我對於他的理解和做功課的用心，再用「Why」帶出主要問題，就能讓提

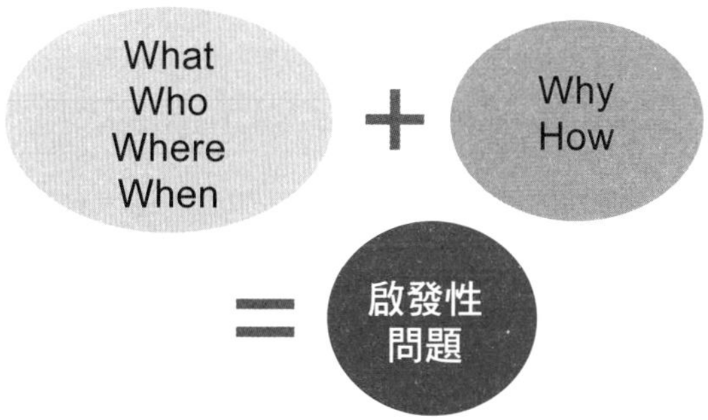

圖表 8：將你已查到的 When、Where、Who、What 資訊，與 How、Why 連結，就能創造好問題。

問本身更具有層次和豐富性，對方不僅能感受到你的認真，也會對於「Why」有更多激發思考的回答。

再舉一個例子，同樣是想要問駭客對於臺灣的影響性，以下哪一個提問比較漂亮呢？

Q1：國際駭客猖獗，今年以來臺灣已經遭受多少起資安攻擊？

Q2：根據媒體報導，二〇二〇年十月中旬以來，臺灣逾十間上市公司遭駭客使用勒索軟體攻擊，並以每週二至三間的數量增加。為何臺灣二〇二〇年會成為國際駭客攻擊的目標？

答案當然是第二個提問！

如果去拆解第二個提問的邏輯，你可以清楚看出，是將「When」放在前面，「Why」放在後面，藉由將上網搜尋資料查到的新資訊「二〇二〇年十月中旬以來，臺灣逾十間上市公司遭駭客使用勒索軟體攻擊，並以每週二至三間的數量增加」（When），作為提問的前言，後面再加上最容易問出啟發性問題的「為什麼」（Why），輕鬆問出令人驚豔的好問題。

你還覺得啟發性提問很難嗎？試試看套用公式，你會發現另一片天。

TIPS

想問出好問題，在 Why / How 之前，擇一加上 Who / What / Where / When：

- 啓發性提問不僅是能問出重點，還能讓雙方從中獲益，是提問的最高境界。
- 將你已上網查到的 When / Where / Who / What 資訊，與 How / Why 連結，就能創造具啓發性的好問題。

2-6

好問題也可能造成反效果？不只問對問題，還要問對關係

華人社會最怕不熟還愛問。同樣的問題，A 問你覺得是關心，B 問你卻覺得是干擾。

每到歲末年終之際，你是否跟我一樣，有時候回家過年，滿害怕遇到不熟的親戚問東問西，像是幾個經典問題：

「你薪水高嗎？」「年終多少？」「什麼時候要結婚啊？」

這些問題常常讓人困窘，不答尷尬，但思索答覆時又不免彆扭心想：「干你什麼事？」也難怪網路上流傳「過年解題大全」，教你如何四兩撥千金，面對這些尷

尬問題。

其實，這些問題也非原罪，換個熟人問你，很可能就願意大方回答，認為對方是在關心自己，差異關鍵就在於「關係深淺」。

華人社會最怕不熟還愛問。同樣的問題，A問你覺得窩心，B問你卻覺得是干擾。

我有一位朋友曾與我分享，一天他遇到一位僅有兩面之緣的人，突然問他：「我覺得你平常看起來笑臉迎人，可是內心卻很壓抑，你還好嗎？」

朋友說，他當場傻眼，幾乎是飛快離開現場，之後跟對方也盡量避不見面。為什麼？因為很怪啊，明明是陌生人，怎麼會問這樣的問題！

仔細觀察剛剛這位朋友接到的提問，其實若是熟識的朋友，可能會覺得溫暖，認為對方懂自己，或許會掏心掏肺談心閒聊；但像這樣涉及隱私的問題，若是素昧平生之人來問，就顯得冒犯了。

可以見得，若雙方交情淺薄，即使問題本身漂亮，不懂得把「關係拿捏」放入提問考量，好提問依然會呈現反效果。

一個好提問，必須問完後，能讓雙方關係更緊密，且對彼此都留下好印象，創造未來能再次互動的機會。

如果你不僅想提出亮眼問題，還想問出好關係，以下三個心法一定要謹記：

1. 什麼關係問什麼問題

如前所述，如果雙方關係不熟，卻問一些太過隱私的問題，容易讓對方感覺窘迫和不小心冒犯他人。舉凡婚姻、理財、健康狀況等，都屬於比較私人敏感的議題，最忌諱關係不熟卻貿然提問。

我曾遇到一些業務，見到客戶以為聊婚姻狀況、八卦一下，就能拉近關係，殊不知這是非常冒險的做法，在雙方信任關係還沒建立起來之前，就碰觸這些敏感話題，很容易觸礁而不自知，在客戶心中留下不好的印象。

什麼關係問什麼問題，甚至是先建立關係再問問題，才能讓自己事半功倍。

2. 提問焦點是別人，不是你

雖然我們前面花了很多篇幅教你漂亮提問的技巧，不過真正上場後，切記，千萬別一直想著「我要問出超棒的問題」，而應該把焦點放在「我如何才能透過提問了解對方」。

因為提問的終極目的是為了溝通和了解他人，而不是展現自己的提問技巧有多厲害。如果你把焦點放在自己身上，只會讓溝通變質，對方可能也會從你的態度感受到你其實並不是真心想了解他，而只是要展現自己的能耐，這也會讓場面陷入尷尬。

我之前曾在參與某場科技記者會時，親眼見到一位外資分析師舉手提問，但問題焦點全在展現自己有多厲害，甚至對於臺上董事長的說詞評論一番，結果反而引來一陣困窘。與會人士是想透過你的問題去更了解臺上的主角，若你喧賓奪主，只為展現自己，這只會讓想聽到有價值回應的人覺得反感，再出色的問題也是枉然。

3. 提問時懷抱善意

提問時態度誠懇，帶著善意去了解對方，是能夠問出好關係的關鍵。如果你的漂亮提問背後是要踢館，想當然爾，難以問出好關係。

事實上，除非是辯論會或是電視臺訪談節目做效果，一般日常提問若帶有挑釁成分，都會讓對方因此產生戒心，甚至讓場面難堪。因此，在提問時確保自己是懇切想藉由問題更認識對方，懷抱著善意而非惡意，非常重要。

掌握好這三點，你會發現，透過提問你能交到更多好朋友，因為**問也代表一種關心，關心創造關係，先關心才有關係**。好的提問，能讓你經歷他鄉遇故知、相見恨晚的好友情。

TIPS

想問出好問題，還要問對關係：

- 問完後，雙方關係更緊密，而且對彼此都留下好印象，留下未來能有再一次互動的機會，這就是一個好提問。
- 先建立關係，再問問題。
- 別人不是想聽你多厲害，而是想聽你多了解他。
- 懷抱著善意而非惡意提問。

2-7

找到對的人問對問題！提問前的自我檢視三招

某一回，我好不容易約到某外商公司董事總經理上專訪節目，到了採訪當天，對方才猛然跟我說，因為某個不適切的原因，訪綱上的題目他可能不太能談……

和煦的燈光灑落椰林大道，往左彎綿延到新聞所內，一群年輕學生正在跟身經百戰的採訪記者老師詢問，到底怎麼樣才能寫出一篇好報導？

我也是其中一位苦惱的學生，一邊咬著筆，一邊聽著老師描述採訪現場驚心動魄的時刻。

那些故事波濤起伏，有些我已經忘卻，不過當時老師在採訪寫作課堂上說的一句話，至今記憶猶新。

這位資深記者對著天真稚嫩的我們說，一位好記者，其實就是做好一件事：「找到對的人，問對的問題。」

這句話簡單來說，就是指遇到任何待解難題時，一位優秀的記者，能夠運用人脈，找到適合解題的人，並且執行精準的訪問，藉由問對問題，獲得正確解答，構成精采報導。

這句話一直深植我心。「找到對的人問對的問題」也成為我對於自己媒體工作的期許。

然而，斜槓創業之後，我更發現，這句話不只記者工作需要，也適用於各行各業，是解決問題的不二心法。讓對的人去談對的問題，才能夠真正解決，也才能讓對方感受到自己的價值，覺得撥出時間給你是有意義的。

因此，一個好的提問，除了要具有邏輯、啟發性和建立好關係，還有一個重要元素就是「適切性」（Appropriate），也就是這個問題確實「適合對方回答」。找到對的人問對的問題，無論是專業程度或是職場角色上，都是對方能力所及範圍。

舉例來說，如果你難得遇到在業界具有非常崇高的地位，也相當博學多聞和具有產業洞察力的半導體公司領導人，卻不是問他經營管理或半導體科技相關問題，而是詢問對於「網紅產業」的看法，很可能讓他英雄無用武之地，甚至現場陷入一片尷尬。

愛因斯坦曾說過：「假如你讓一條魚爬樹的話，牠會永遠相信自己是一個笨蛋。」換句話說，爬樹就找猴子，游泳就找魚，你的提問才是真正適才適所。

你想知道針對網紅產業的分析，就去問對網紅市場熟悉的專家，可能是知名YouTuber或是網路行銷專家；而科技產業就問科技專家；政治議題就問政治圈人士，才能獲得適切和精準的答案，達到有效提問。

然而，採訪多年後，我更發現，人對問題也對，但時間不對，恐怕也是枉然。

某一回，我好不容易約到某外商公司董事總經理上專訪節目，事前與對方公關協調多次訪綱內容，內心非常期待這次訪問。

到了採訪當天，機器設備都架設完畢，我招手歡迎這位年輕有為的董事總經理上節目入座，正想在開錄前再與對方順一次稿，沒想到，對方猛然跟我說：「不好意思，因為現在正處於公司財報公布前的緘默期，所以訪綱上的題目，我可能不太能談。」

What ?!

都準備要開錄了，我才接收到這顆震撼彈，差點沒讓我在錄影現場心臟跳出來，最後，我只能額外花許多時間協議能談的主題，等於事前準備都做白工。

經過這次經驗，我學習到，原來外商公司在財報發布前會有一段緘默期，這時對方因算是熟知公司內部營運的高層人士，無法針對公司前景發表看法，否則會受到監管。

因此，除了找到適切的人，問對的問題之外，還得選在適合的時機，在對的時間提問，才不會讓苦心準備化為泡影。

總結來說，提問之前最好先了解對方現在的職場角色、身分和現在的時間，是否適合回答你的提問，你也可以先用這三招自我檢視：

檢視第一招，問對人了嗎：

他具備什麼專業？為什麼我要找他提問？他的專業是否與我的主題相關？

檢視第二招，問對關係了嗎：

我與他是否足夠熟識到可以對他提問？他能夠回答我的問題嗎？

檢視第三招，還有別的人選嗎？

與他具備相同專業的還有誰？是否能當第二人選？有備無患。

透過這三招檢視，就能讓自己走在正確的方向，並篩選到對的人來解題，甚至遇到臨時狀況也有備案！試試看提問前運用這三招，你也能體會事半功倍的快感。

TIPS

想問出好問題，還要找對人問問題：

提問對象的專業身分、關係、回覆時機，是否適合回答你的提問、解決你的問題？除此之外，還有第二人選嗎？

2-8

別當職場小白！避開七種壞問題陷阱

知道一堆想成功應該怎麼做的方法，不如知道什麼樣叫做失敗，避免重蹈覆轍，少失敗就是成功了。

前陣子因為主持創業論壇，我上網找資料時看到一本很有意思的書，是從失敗的創業中學經驗。作者訪談許多有名的創業家，但分享的都不是豐功偉業，而是鏡頭背後的失敗與眼淚。

這本書激發了我許多靈感，其實很多時候，負面教材更震撼。我們知道了一堆成功應該怎麼做的方法，不如知道什麼樣叫做失敗，避免重蹈覆轍，畢竟少打敗仗就是勝利了。

因此，前面提了這麼多好問題的例子與方法，在這一篇，我要從負面例子中幫大家做個統整，失敗的問題長什麼模樣，而又為什麼這些問題會被認為是壞問題或不良問題？希望能幫助大家避開陷阱。

以下整理出來七種壞問題類型：

壞問題類型一：不合時宜的提問

簡單來說，就是在不對的時機點提問。再棒的問題，若在錯誤時間或不適合的場合提出，依然失敗。

舉例來說，在氣氛嚴肅的財報公布記者會上，詢問大老闆私人問題，而非公司治理或財務展望議題，肯定招來現場與會人士的白眼，大老闆可能也會很尷尬，甚至對你留下負面印象。

另一種相反情況是，在輕鬆的尾牙場合，卻拚命追著長官詢問專案報告的建議，這也很煞風景，自以為是認真工作，實則讓歡樂的現場一陣尷尬。

問題本身沒錯，而是你錯在不對的場合提問，好問題也變成了壞問題。

提問如同穿搭，再好看的單品、再美的洋裝，都需要符合亮相的時機，才算有品味；好的問題也必須在好的時間點提出，才能達到最佳效果。

壞問題類型二：沒能考量關係親疏的提問

例如：隨口探問他人私事，或過年回家，被不熟的親戚問賺多少錢，這些都是沒有考量關係親近度而造成的錯誤提問。舉凡結婚、戀愛、生育、家庭關係、健康狀態的話題，都屬於私人範疇，一定要關係建立夠深後才能發問，若你從事業務工作，更應該切記一開口就拿私事作為話題拉近關係，恐怕會弄巧成拙。

壞問題類型三：缺乏觀察的提問

沒有觀察就提問，容易問出蠢問題，或是答案顯而易見卻還發問，只會被質疑專業度，讓人誤認腦筋不清楚。

我的觀察是，明知故問與無意義的提問，幾乎都肇因於「懶惰」，也是最容易被人認為你沒做功課或不專業的原因。真的不知該怎麼提問時，你可以運用前面提到的啟發性提問公式，以 What/Who/Where/When 查詢資料後，加上 How 或 Why 問出好問題。

切記，若難得遇到重要客戶或大老闆，千千萬萬別問 Google 就可以查到的問題！

壞問題類型四：缺乏理解的提問

提問最重要的目的是「增進雙方理解」，如果提問後，關於對方回答的內容，自己聽不懂，最怕沒有正確理解對方，就急著問下一題，此時硬擬出的問題很容易雞同鴨講、失去焦點，同時也容易讓對方感到不受尊重，破壞觀感與雙方關係。不懂別裝懂，確認關鍵字意涵，理解比面子重要。

壞問題類型五：缺乏邏輯與連貫性的提問

提問也要避免邏輯不清，上一題與下一題沒有連貫性，甚至第一題與第五題內容雷同，讓受訪者覺得談話繞來繞去，不知道在聊什麼，容易失去耐心，也會失去對你的信任和專業度認同。

壞問題類型六：否定式提問

你的提問是否帶有否定意味？例如：「你不覺得這個產品設計圖改成藍色比較好看嗎？」「你不知道下星期的開會時間嗎？」

這類型提問潛藏將價值觀強加在別人身上的訊息，帶有壓迫感、質疑與批評，且語氣中充滿上對下的階級感（即使說者無意，卻容易引發誤會），這樣的提問容易破壞關係。

壞問題類型七：自我中心式提問

提問忌諱長篇大論地發言個人看法或前言，提問的焦點應該放在理解對方上。

若談話時別有企圖，一心想著「我來提出一些好問題吧，讓你們看看我的頭腦多棒，業績多好」，那無論用什麼問題粉飾都無法變成好問題。

因為在潛意識裡，你的肢體語言和口氣都可能透露這些企圖端倪，顯得不夠誠懇。你必須問一個自己也想要聽到答案的問題，而非只是專注於提問這個動作。

簡單來說，提問其實就是人際溝通的一環，最重要的就是舒服、誠懇與精準，既然目的是為了促進彼此的理解和對話，那語句上就要避免否定他人、關係不夠好時卻探人隱私。保持禮貌和誠懇的態度，就能避免犯錯，贏得人心。

TIPS

想問出好問題，先避開壞問題陷阱：

抓對時機、留意關係、多觀察、多理解、有邏輯、不否定對方、不自我中心，你也能避開壞問題陷阱，不做職場小白！

Part2 試試看

1. 試著用「5W1H 提問法」擬出具有清楚邏輯的好問題。

- 疫情延燒，造成國際市場變化劇烈，探討關於我們公司產品的未來發展。

2. 試著將以下問題改成「啟發性提問」。

(1) 疫情延燒改變民眾消費習慣，為什麼會如此呢？

(2) 疫情延燒改變民眾消費習慣，現在的最新趨勢是什麼？

3. 好問題、壞問題辨別力測驗：A、B、C 哪一個是好問題？

(1) 與同事腦力激盪，共同討論新產品開發：

A：你覺得新產品外殼選什麼顏色比較好？

B：我們的新產品主打年輕時尚族群，你認為我們該如何透過外殼顏色選擇吸引 TA（目標客群）的目光？

(2) 與客戶、老闆或專家談經濟前景：

A：你看到日幣貶值的新聞了嗎？你怎麼看？

B：日圓不斷貶值，已經改寫一年新低紀錄，你認為日幣貶值對於日本經濟未來會造成什麼影響？

C：你認為日幣貶值對於日本經濟和未來會造成什麼影響？

4. 將以下提問改成好提問。

(1) 你不覺得新產品的宣傳內容字數太多，看得眼花撩亂嗎？

(2) 客戶批評新專案想法太落伍，希望我們提出修改，你覺得呢？

參考答案 1

What：哪一類型產品銷售受到市場波動最大？

When：我們預計要推出的新產品要延到何時？

Who：我們哪些供應鏈夥伴會受到波及？

Where：哪幾個生產工廠可能必須思考因應措施？

Why：疫情延燒造成國際市場變動劇烈，為什麼疫情對我們影響甚大？

How：該如何減少疫情對公司營運的衝擊？

參考答案 2

(1) 疫情延燒改變民眾消費習慣，根據渣打銀行一份調查報告顯示，在臺灣會優先考慮線上購物的受訪者占 39%，跟全球相比下，稍微落後。您認為為何會出現此現象呢？

(2) 疫情延燒改變民眾消費習慣，根據研調機構指出，宅經濟和線上購物成為新趨勢，您認為這將如何影響公司未來營運發展？

參考答案 3

(1) B。

(2) B。

參考答案 4

(1) 我們新產品 TA（目標客群）鎖定金字塔頂端的商務人士，你覺得宣傳內容大概維持在多少的字數，比較容易吸引他們的目光，呈現我們想要的品牌質感？

(2) 客戶批評新專案想法與市場需求有落差，希望我們提出修改。你認為我們該如何讓提案更切合目標市場？

Part 3

價值提問 vs.
無效提問

你還在這樣問嗎？
光說不聽、命令口吻、焦點發散……
告別無效提問，問出四大價值
——好關係・自信心・解決力・
說服力。

3-1 成功人士都懂得製造提問機會

美國教育學家杜威說：「明確指出問題，就等於解決問題的一半。」從主持和訪問經驗中，我深刻感受到越成功的人士，越善於提問。提問看似平凡，卻能改變我們的人生，創造價值。

美國創新領導中心（Center for Creative Leadership）曾經針對一百九十一位成功的企業領袖進行研究發現，這些卓越的企業家雖然來自不同產業，家庭背景迥異，甚至學經歷也大不相同，不過都有一個共同點，讓他們直通成功大門——這令人意外的共通點居然是：善於製造發問機會和懂得如何提問！

研究指出，這群聰明又優秀的領導人都發現提問具有驚人的力量：

1. 提問能讓人釐清思緒，還能激發創意。
2. 提問能幫助人們找到新方法，解決問題。
3. 提問能激勵組織和個人成長。

看到這裡，你是否跟我一樣驚訝呢？原來，這些企業家不只懂得提問，幫助自己釐清思緒、快速找到問題癥結，還知道適時「製造提問機會」，因為這等同為自己創造「被看見的舞臺」，透過提問展現領導力。

事實上，不只這項調查結果顯示提問的魅力，我親身接觸許多頂尖的專家、學者或優秀創業家，許多人真的都是提問高手，深刻感受到他們不僅非常善於提問，而且熱愛提問！

話說某一回，我因緣際會主持一場臺灣某企業集團高階主管聯席會議，具有教育訓練性質。為了這場會議，我和工作團隊前一天就先抵達南部飯店，進行彩排。

彩排時，我看著現場聯席會議布置，覺得相當有趣，因為除了習慣上會看到的分組桌，整個會議的正中央有一個單獨的位置，而且特別架設一支麥克風。

我問工作人員，這個位置有什麼用途呢？我猜想，是不是對於老師講課有疑問的長官，可以到這個位置上拿著麥克風提問。不過想想也不對，因為每桌都有配置麥克風。那個位置到底是誰的？

工作人員笑著跟我說，這個位置是集團總裁兼創辦人的寶座！

原來，這位在媒體上時常曝光，充滿霸氣，領導旗下眾多集團的大老闆，習慣聆聽會議，甚至教育訓練聽講師上課時，只要心中有疑惑，就會立刻提問。

因此，熟悉他發問習慣的同仁，特別為這位大老闆安排了一支專用麥克風，且位於面對舞臺正中央的位置，讓他更方便隨時對臺上和臺下提問。

工作人員特別提醒我們，到時可要臨機應變，立即反應喔！

果不其然，當天課程結束後的 Q A 時間，這位氣宇軒昂的創辦人立刻打開眼前的麥克風，提出非常精準而且犀利的問題。這些問題讓複雜難懂的科技趨勢課程，瞬間變得更加易於理解和應用，而從當時的氣氛來看，底下公司的高層都非常熟悉這樣的作風。

不只這位企業老闆，我曾訪問藍色經濟大師剛特．鮑利，也是提問高手。

剛特．鮑利是世界十大傑出青年，三十八歲展開創業人生，是全球最早提出「藍色經濟」概念的人。

而這樣一位具有顛覆性創新思想、為全球打造上億工作機會的卓越創業家，同樣是靠著「自我提問」，突破創意限制，將自然界創意化為人類社會的實際商機，不論是仿效螞蟻窩打造出無空調的清新大樓，或跟沙漠甲蟲學集水方式，來解決缺水問題等，都是從自我提問中開創新格局。

世界知名管理大師大前研一曾在《質問力》中倡導，每一個人都應該培養質問力習慣，因為這能幫助你看清很多社會問題與趨勢，發現全然不同於媒體報導的事實，做出不從眾的清晰判斷。

美國教育學家杜威也說：「明確指出問題，就等於解決問題的一半。」從主持和訪問經驗中，我深刻感受到越成功的人士，越善於提問。提問看似平凡，卻能改變我們的人生，創造價值。

提問力也成為優秀職場工作者與普通人的差異，因為人的行為往往受到問題支配，而非答案。能看出問題，才能不斷進步，幫助個人或組織持續進化蛻變，成為更好版本的自己。

人生無處不提問，提問就是人與人溝通的一環，無論是獲取新資訊、建立人際關係，或是領導統御都需要提問指引方向，牽起連結，因此，別小看口中說出的問句，每一個問題都塑造了他人對你在職場上的印象與評價，一個成功的提問就可能創造翻轉人生的機會。

TIPS

製造提問機會、創造被看見的舞臺，問出你的職場價值：

人的行為往往受到問題支配，而非答案。能看出問題，才能不斷進步，幫助個人或組織持續進化蛻變。

3-2

不再惹長官生氣！用提問精準掌握交辦任務

客戶回你一句：「產品顏色太淡了，可以修改嗎？」你把顏色調整了。

客戶還是不買單：「我覺得顏色可以再濃一點。」你把顏色調濃了。

客戶又說：「這顏色好像不太搭……」反覆幾次，你都想翻桌了。

到底客戶在想什麼？其實，重點就是搞清楚「問題背後的問題」。

月黑風高的夜晚，一位意氣風發、準備到他城大賺一筆的商人，帶著兩名青澀學徒，牽了一頭駱駝，出外做生意。

商人瞧了瞧手中珍貴的綢緞和上等的毛毯，心想，太好了，之後交易時絕對能賣好價錢。他交代兩名學徒把貨物綁繫在駱駝背上。

一行人夜裡奔波趕路，沒想到駱駝居然不堪負荷，死了。傷心的商人撥下駱駝的皮交給兩名學徒，自己先去前方探路，留下學徒在原地看守貨物。臨走前，商人叮嚀學徒，一定要好好看守貨物，尤其是這張駱駝皮，千萬別讓它受潮毀損了。

兩個學徒點點頭，商人揚長而去。沒想到離開後不久，天空居然下起綿綿細雨，兩個學徒想起了商人的提醒，深怕駱駝皮被雨打溼，於是靈機一動，索性拿綢緞和毛毯去蓋駱駝皮，幫忙遮雨。結果，比駱駝皮價值高很多倍的綢緞和毛毯被雨淋溼，全爛掉了。

商人回來一看，大發雷霆，氣得把兩名學徒趕走。

這個從網路上看到的小故事，給你什麼啟示呢？

其實兩名學徒也是一片好心，希望能完成主人交辦的任務，但就錯在沒搞清楚「問題的本質」。商人希望駱駝皮別受潮，背後的期待是「不讓資產受損」，沒想到兩名學徒卻拿更貴的綢緞去保護駱駝皮，弄巧成拙，不僅把長官惹怒，還丟了工作。

先別取笑這兩名學徒，其實這樣的情節在現代職場與生活中也常常遇到。

某一回，我遇到一位事業有成的男性友人，他新婚沒多久，我先前因為一些原因恰巧沒能參加他的婚禮，正準備上前致意、虧他一下愛情事業兩雙全時，沒想到卻見友人一臉愁容地對我說：「妳們女人真難懂！」

我嚇了一跳，回問：「怎麼了呀？」這位日理萬機、處理公事乾脆俐落的男子，娓娓道來自己的委屈。

原來某一天回到家，太太隨口問：「你今天晚上要做什麼呢？」他回說，要打球啊！沒想到這句話卻讓小倆口冷戰。

我的男性朋友很無奈，上班這麼辛苦，一週偶爾打一次球，不知為何突然踩到太太的地雷，真是委屈又莫名其妙。

我在心裡偷笑了一下，回他說，女人心海底針，但其實搞清楚話語背後的動機，針就浮上海平面啦！

太太問他：「**晚上有什麼計畫**？」表面上好像是想了解先生待會要做什麼，但仔細探究太太為何而問會發現，其實背後的中層意涵是：「**你想要跟我在一起嗎**？」不過如果想到這裡，你只以為是今晚非得與她在一起才行，那就太單純了，因為這句話最核心的本質是想問：「**你在乎我**、**愛我嗎**？」

男人聽到這句話，應該要先想到太太其實是想了解你在不在乎她或愛不愛她。

既然如此，事情就簡單了，不論是要打球、打電動、出門或在家，做什麼都不是重點，只要能讓太太感受到你愛她，那就行了。

因此，先生可以回問太太：我想跟妳在一起，妳打算做什麼呢？保證得到太太甜甜一笑。如果你真的有其他安排，例如想去打球，可以告訴太太：「我想去打球，但我也很想陪妳。等我打球回來，我們一起______，好嗎？愛妳！」明理的太太聽到這裡應該也會買單，畢竟最深層的問句（你在乎我、愛我嗎？）已經被回答並且滿足了。

朋友聽完笑一笑，我想聰明如他，應該更懂女人心了。其實女人心與難搞客戶一樣，只要弄清楚問題背後的本質，就能搞懂。

舉例來說，你有沒有遇過這種情況：

好不容易做好產品設計圖，送交給客戶後，客戶回你一句：「產品顏色看起來太淡了，可以修改嗎？」於是，你把顏色調整了；再送交客戶，客戶還是不買單，說：「我覺得顏色可以再濃一點。」你把顏色調濃了；客戶又說：「這顏色好像不太搭……」反覆幾次，你可能都想翻桌了，到底客戶在想什麼？

其實，重點就是得搞清楚客戶話語背後的本質，也就是「問題背後的問題」。

客戶回答：「產品顏色看起來太淡了，可以調整嗎？」其實背後想說的是：「產品能更漂亮、更吸引人嗎？」

但若你只接收到中層意涵，很可能還是會做白工，就算幫客戶調濃了、換成他要求的粉色，結果客戶還是不買單，因為客戶這句話背後的核心問題意識是：「產品能大賣嗎？」

試想，如果客戶產品主打男性族群，你即使調成再漂亮的粉色、濃淡再適宜，也無法打中客戶的目標客群。因此，你的設計功力很卓越沒錯，但沒搞清楚客戶要的是什麼。

既然知道客戶的核心思想是希望產品大賣，其實你只需要多問一句：詢問客戶這個產品主打哪個族群，希望達到什麼樣的行銷目標，再給予適合的顏色選擇建議，就可以搞定。

我們犯錯的癥結常在於「沒發現真正的問題在哪裡」，往往只讀懂表面的問題，而沒有從問題本質去思考，就衝去解決，結果事倍功半。

我在研究所學習時，老師教導我們可以連續問五個為什麼，來幫助自己找到問題本質，舉例來說：

問題：公司財務吃緊。

1. 為什麼？（因為入不敷出。）

2. 為什麼入不敷出？（因為營收規模太小。）

3. 為什麼營收規模太小？（因為客戶對產品不買單。）

4. 為什麼客戶對產品不買單？（因為產品效能不佳。）

5. 為什麼產品效能不佳？（因為研發技術遇到瓶頸。）

藉由五個為什麼，找出了財務吃緊的根本問題是由於研發技術遇到瓶頸，才會一直無法推出符合市場需求、具有競爭力的商品。此時就能將重點放在「提升研發能力」上，可能是雇用關鍵研發人才，刪除不必要的研發支出，或是針對研發團隊進行方向調整等，藉此解決核心問題，一針見血，也才能幫助公司走出困境。

不懂如何深層思考問題本質、找出對方核心問題意識的人，在職場上會格外辛苦，甚至可能像兩名學徒一樣，明明也盡心竭力了，卻還是白費力氣，不討長官喜歡，甚至還被趕走；而能看出問題本質的人，往往更能快速找到解決問題的思路，在職場更容易受到長官青睞。

你羨慕公司那些能當長官心腹，立刻知道長官要什麼，甚至長官還沒說，就能做出來的厲害同事嗎？學會尋找問題的本質，你也能成為長官肚子裡的蛔蟲、最有力的左右手。

TIPS

五個為什麼，問出你的職場價值：

只讀懂表面的問題，而沒有從問題的本質思考，只會事倍功半。連續問五個為什麼，幫助自己找到問題本質。

3-3

破、問、聽、追、謝，五步驟問出人氣好問題

原來提問不是「把問題提出來」而已，而是一種人與人溝通的藝術，是需要修飾的過程，而這樣的過程，其實有步驟可以讓一切更順利。

你有想過提問其實是有步驟的嗎？

我剛開始在電視臺主持訪談節目時，對於採訪的概念，以為就是事前擬好訪綱，雙方見面打招呼後，坐下來依照訪題提問，再把對方的回答記錄下來，就會是一場成功的訪問。

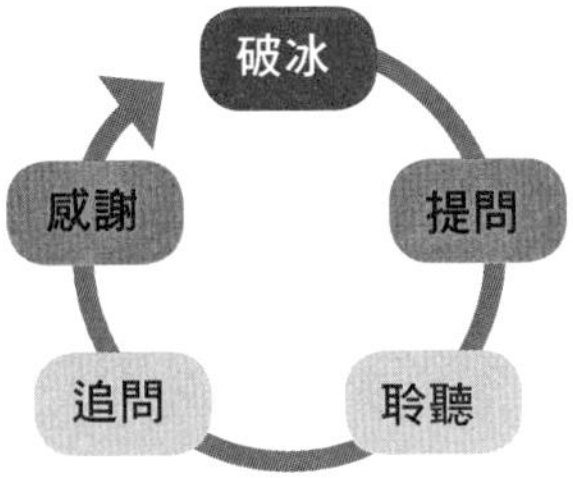

圖表 9：提問 5 步驟：破、問、聽、追、謝。

結果不用多久，我就發現這樣的想法實在單純得可笑。

實際參與訪談後，我才發現，其實不熟的兩人在現場一見面時會有一陣難以言喻的尷尬情緒，突然要坐下來掏心掏肺地聊天，像電視節目上呈現的一般熱絡，其實是非常困難的。

常遇到一種狀況是，問完了問題，對方可能答非所問或是輕描淡寫，不會說太多；又或者，我也遇過回答簡短到我連下一題都還沒看清楚，戛然而止；甚至，有時還會遇到對方突然因為某些理由拒答……這都非常考驗主持人的心臟夠不夠大顆。

慢慢地我才發現，原來提問不是「把問題提出來」而已，而是一種人與人溝通的藝術，是需要修飾的過程，而這樣的過程，其實有步驟可以讓一切更順利。

這個步驟，我歸納為**破**、**問**、**聽**、**追**、**謝**。

破：破題，就是不要一開始見面時，單刀直入今天訪談的主題，而是要先以一些輕鬆的小問題，例如：關心對方到現場交通是否順利，或是藉由事前了解對方的一些興趣喜好，搭上新聞時事，問對方看法，當然以輕鬆為主，不會是很嚴肅的看法；簡單來說，就是想辦法尬聊，熱絡氣氛。

舉凡天氣、運動、穿著、興趣、吃飽沒，這些輕鬆簡單的日常問題，都很適合在雙方一見面時先提出，一方面傳達關心之意，另一方面，這些小問題很容易回答，也因此能順利開啟雙方對話，化解尷尬氣氛。

試想，兩位彼此不熟的人，一方問：「天氣好嗎？」另一方回答：「還不錯。」這樣簡單的問答聽起來好像沒什麼，但背後的意義是，雙方開始互動了。人與人的溝通是從互動開始，因此只要有互動，雙方開始破冰，之後就有越聊越深入的機會。

不過得留意，婚姻、理財、健康等敏感議題，較不適合放在雙方都不認識的情況下用來破冰，容易冒犯對方，適得其反。

問：切入正題，提出主要問題。藉由第一階段破冰之後，按照順利情況預測，雙方應該已經開始產生互動，起碼在簡單的問答中，自然的對話模式已經開啟，這時，就可以趁勢切入主題，詢問對方主要問題。

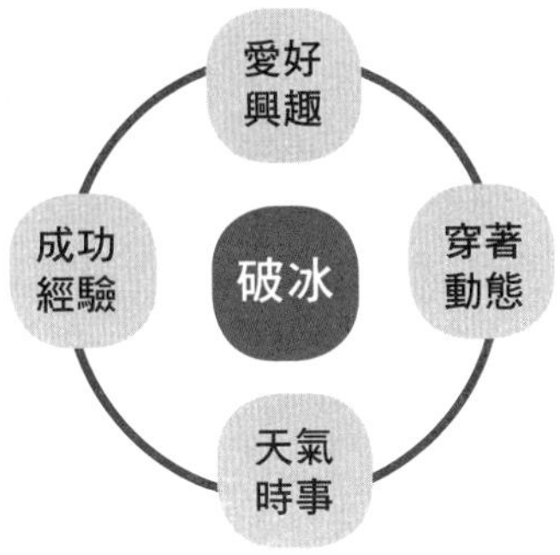

圖表 10：如何破冰——愛好興趣、穿著動態、天氣時事、成功經驗。

這時的對方，已經對你產生基本的熟悉感，也可能緊繃的心情藉由破冰已經稍稍緩和，面對主要問題時，將會在一個比較放鬆的狀態下回答，不僅言語態度上會比較親和，分享內容也可能更豐富！

不過此時記得，千萬不要一想到，太好了，終於可以提問了，於是就連珠帶砲的一口氣丟出許多問題給對方，除了對方容易聽不清楚，和記不住你全部的問題，也可能會感受到壓力，造成前一階段破冰舒緩的效果歸零。

因此，在這一階段，最好一次提出一個問題，等到對方回答完，再提下一個問題。

聽：有效聆聽。前面提到，提問其實是人與人溝通的藝術，既然是溝通，當然就有互動，有交流；因此，重點不只是提問，如何有效聆聽，

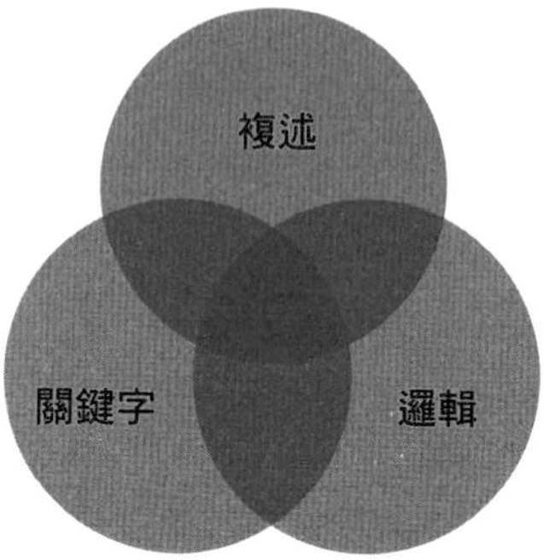

圖表 11：如何有效聆聽——複述、關鍵字、邏輯。

給予對方回饋，也攸關整場訪談的成功。

有效聆聽與提問相輔相成，就像兩個人跳舞，一方進，另一方退，就能舞出美好時光。因此，當訪談中對方正在回答時，千萬別逕自想著下一題要問什麼，試著集中精神，專注於理解對方的回應，並且適時給予肯定和認同的眼神，你會發現，對方受到鼓舞後會越說越熱情，你們的關係也會越靠近。

同時，好好聽對方的回答，才能為更深入的追問做準備，而追問是整場訪談精采與否的關鍵！

追：追問是訪談中非常關鍵的一步，一個好的追問，能讓雙方談論的議題更深入，也能讓受訪者感受到你的用心與專注。切記，追問一定來自於有效聆聽，在聽完對方的論點後，藉由延伸問題，更深入了解對方話語背後的意涵。

你可以運用前面章節提過的「三角邏輯提問法」，拆解對方回應的立論基礎，藉由「為什麼？」（Why）、「為何如此？」（Why So）、「又將帶來什麼影響？」（So What）三層追問，徹底了解對方立論點，也能激發對方更深入的思考，對你留下好印象。

謝：表達感謝。許多人忙著完成任務，都忘了這一步，訪談完後急忙離開。其實，只要再多做一步，就能讓對方留下很好的印象。表達感謝並非阿諛奉承，而是明確且真誠地表達對方的回應對自己的實質幫助。

例如：謝謝你的回答，幫助我在接下來的專案企畫中有更清楚的方向，或是你的回答解開我對於技術趨勢的疑惑，諸如此類。藉由事實陳述對方的回應對於自己的實質幫助，可以讓被問者感受到花時間聆聽並回應你非常值得。人都喜愛幫助別人，也會因此獲得成就感，下一次你再約他提問，答應的機率就很高了。

同時，人與人的印象都是留在最後一刻感受。若訪談完就直接離開，並沒有向對方表達誠懇感謝，對方的印象就會比較淡薄；但若陳述對方的回應對自己的幫助，很容易就能加強對方對自己的印象，在心中留下好的感受與回憶。

我在電視臺工作期間，曾訪問年屆八十幾歲的歐洲品牌教父夏代爾。訪談前，對方公關特別叮嚀我，夏代爾身為歐洲人，處事相當嚴謹，並再次與我核對訪綱，讓我一度相當緊張。

而實際見到大師，他果真面容嚴肅，不苟言笑，現場氣氛相對緊繃；此時，若我直接詢問當天採訪主題，想必回應會比較制式，相對缺乏人與人自然交流的溫度。因此，雖然我當天是要問他對於臺灣手機品牌在國際競爭的趨勢看法，但我選擇先用小問題破冰。

我問他：「請問您是否有使用智慧型手機呢？」當時二〇一二年，智慧型手機正起飛，我好奇這位年屆八十的大師是否搭上潮流。而這樣一個小問題，相當好回答，也能緩和氣氛，不論他回答有或沒有，都容易串接到訪談主題：臺灣品牌的國際競爭力（當時宏達電手機還挺紅的）。

沒想到，他幽幽地從口袋掏出手機，說：「有，我用三星的手機。」當下我和攝影眼睛都亮了，真是一個有趣的哏。我立刻追問：「為什麼會選擇三星手機，而非宏達電手機呢？」他回答：「因為宏達電品牌其實在歐洲行銷不多，能見度不高。」

接下來，我順勢詢問臺灣品牌在歐洲的行銷情況，並且請教他對於臺灣品牌行銷的策略建議。這集播出後，獲得許多迴響，很多觀眾，包括我也是透過這場訪問才發現，原來我們自以為的臺灣之光，在歐洲人眼中不一定是如此。

結束後，我向大師表達感謝，我們結束了一場美好的訪談。過了幾年，我又再次訪問到這位大師，很開心他還記得我，我們對彼此又留下一次深刻印象。至今離開電視臺多年，我與對方的公關和工作人員仍保持聯繫，這就是一場成功的訪談能帶來的價值。若你也想像這樣順利交流，其實只要掌握住提問的步驟原則，就很容易創造人與人之間美好的互動關係。

你害怕提問，或不知何時該提出問題嗎？試試看提問五步驟，你會發現原來與任何人都能聊出一朵花。

TIPS

破、問、聽、追、謝，問出你的職場價值：

破：破題。用小問題破冰。

問：切入正題，提出主要問題。

聽：有效聆聽。

追：繼續追問。延伸問題可以更深入了解對方話語背後的意涵。

謝：表達感謝。以事實陳述對方的回應對於自己的實質幫助。

3-4 好提問來自聆聽！有效聆聽三招一要

初出社會的震撼經歷讓我學習到：「聽是一切溝通的基礎。」身為記者，再關鍵的訊息或獨家消息，如果自己聽不懂，根本無法寫出新聞與觀眾溝通，好比廚師若不懂食材，就煮不出一道好菜。

富麗堂皇的飯店內，外資與法人齊聚一堂，身為媒體記者的我，匆匆跟熟悉的企業公關打聲招呼後，拿了份法說會報告，趕快進場找位置坐下。只見臺上公司掌門人與發言人已經排排坐，正準備說明這季的財務表現與展望。

偌大的螢幕播放著企業簡報，呈現產品組合圓餅圖、技術模擬圖等，董事長用流利的英文解釋內容。身旁的媒體前輩也隨著臺上的英語簡報，手指飛快地在鍵盤上敲打；而我，一位剛從研究所畢業的菜鳥記者，卻是鴨子聽雷，幾乎呆坐現場。

這是我身為記者第一次跑線時的情景。

當時的我雖然擁有企管與新聞學歷背景，但被派到以英文和技術為主的半導體產業採訪，一切都非常陌生；再加上語言落差，學歷根本英雄無用武之地。臺上講得天花亂墜，我只能試著問媒體前輩或偷偷觀察其他人的筆記，再自己七拼八湊去理解。印象中，我寫的第一篇新聞稿交由長官審核前，心跳真是快得難以想像。

初出社會的震撼經歷，讓我學習到第一件事：「聽是一切溝通的基礎。」身為記者，再關鍵的訊息或獨家消息，如果自己聽不懂，都是枉然，根本無法寫出新聞與觀眾溝通，好比廚師若不懂食材，就煮不出一道好菜。

於是，往後十年的媒體工作，我告訴自己，追求的首要目標不是多棒的文筆或口條，而是不論採訪誰，都要能聽得懂對方的語言和內容。願望雖然微小，但我深知，特別是主跑科技產業新聞，在各種艱難製程技術圍繞的環境中，這一點格外重要。

身兼藝術家、設計師和詩人，也是英國藝術與工藝美術運動的重要領導人之一威廉．莫里斯（William Morris）曾說：「要做一個善於辭令的人，只有一種辦法，就是學會聽人家說話。」很多人以為，優秀的記者是很能寫、很會說，但其實很會聆聽是他們的祕密武器。

過了許多年，現在的我已經練成可以在媒體餐敘中，一如我的媒體前輩們邊品嚐美食，邊豎耳聆聽餐敘中董事長分享的內容，並且快速在腦中整理重點，手指邊敲打鍵盤，將聽到的重要訊息組織成文章。餐敘結束，一篇完整的稿子已經交出去。

進入電視臺後，由於節奏更快，且採訪全都錄，成果都會完整展現在螢幕上，因此如何能在訪問當下，同時整理並掌握受訪者的與談內容，讓整場採訪切合製作主題，成了我的新挑戰。

在一次又一次的練習與經驗中，我摸索發現，其實聆聽有技巧可循，這個方法我簡稱為「有效聆聽的三招一要」。

第一招：建立大腦主題知識庫

想要聽懂談話，當然得先了解對方腦子裡在想些什麼。當兩個人思考邏輯與知識水準差太多，想聊得起來，本來就是天方夜譚。所以，有效聆聽的第一招，就是把自己的知識水平盡量拉近對方的高度。

舉例來說，若主題是科技，事前可以先調查對方在科技領域中最感興趣的部分，可能是他的專長、研究論文主題，或在媒體發表的評論等。

當然，熱門的科技話題，也可以先透過了解相關新聞來掌握，甚至是一些科技專有名詞，也可以事先查資料或問其他專家來做準備。

你可能會問我，專訪的人物都是全球權威專家，再怎麼努力蒐集資料，也不可能跟專家達到同樣的知識水平呀！

別擔心，我們需要做到的只是「能溝通」，申論的是對方，你只是提問，所以不論雙方資歷背景差距多大，都可以也應該想辦法透過蒐集資料來「事先猜題」。先把一些重要的基本知識存在腦海裡，當對方談到時，你就能像雷達一般立刻偵測連結到腦中資料庫，做出適當的反應與回饋。

舉例來說，我可能不如資安教父米戈．希伯那樣了解比特幣，可是我依然能蒐集當時最熱門的市場話題，例如：比特幣價格上漲、駭客等問題，不少專家都對此做過評論，我可以先存入腦中資料庫。

如此一來，當資安教父米戈．希伯評論比特幣時，我就能立即搜尋腦中其他專家的評論，逐一比對，並且詢問資安教父，為何與某某專家的看法相同或不同？認不認同其他的看法？如此一來，即使不如對方深入理解談話主題，卻也能有源源不絕的話題，與對方聊得盡興。

第二招：用自己的話，整理複述對方的話

這是記者或主持人很常使用的絕招。

我在主持節目時也常用整理複述的方式，作為追問的內容。所謂整理複述，就是把對方剛剛所講的內容，進行條列式整理，例如：您剛剛提到關於○○的看法，是否涵蓋1.＿＿＿＿＿＿、2.＿＿＿＿＿＿、3.＿＿＿＿＿＿。

別小看這個動作，它能帶來兩個好處：一方面幫助自己確認是否掌握住對方談話的重點，另一方面也能夠藉此幫助對方整理龐雜的思考。畢竟很多人習慣邊想邊說，說完之後，有時也不太記得全部的談話內容；這時若聆聽者可以幫他整理列點，對他來說，不僅驚喜，也更能掌握自己原本思考的觀點，很有價值。

透過整理複述對方談話的內容，不僅可以讓訪談更聚焦，也能在對方心中留下專業好印象，這也是許多專業主持人習慣使用的一大原因。

第三招：確認邏輯

有效聆聽必須要能「聽懂對方在說什麼」，因此了解對方談話內容背後邏輯與思考脈絡就非常重要。我們在前幾個章節提到，可以使用「三角邏輯」檢驗法，透過「Why」「Why So」「So What」去了解對方的立論，才能夠從中延伸出更深層的提問與對話。

我看過不少很可惜的情況，提問者明明問出一個很棒的問題，而當對方說明自己的想法後，提問者僅回答：「好的，謝謝。」接著就轉移到下一個話題，這會讓觀眾感受到戛然而止的唐突。其實任何人在回答時，一開始即使講很多，也通常只針對相對基礎且表面來做回應，這時最好深入追問，確認對方立論的邏輯點，才能挖出更有內涵的內容。

另外，由於對方的立論多數是由因果組成，藉由提問去理解論點的前因後果，以及問出立論的背後用意，也能讓對方感到被理解，肯定你的專業。

一要：要懂關鍵字含意

談話最怕雞同鴨講，但其實越專業的場合，溝通越容易出現牛頭不對馬嘴的現象。究其原因，主要是每個產業都有獨特的「專業術語」或「行話」，與圈外人合作溝通時，就容易產生誤解。如果你也能懂這些圈內人才懂的語言，就可以讓溝通更有效率。

我曾經在與客戶合作時，遇到類似情況。某回，我與客戶討論影片企畫，在我們共同編輯的 Excel 表格中，我看到備註欄上寫著「TBD」，當下我的第一直覺是，這是否是一個新的技術名詞？心裡開始糾結，如果問了，結果是很基礎的科技技術縮寫，會不會被嘲笑，或被認為不夠專業；但不問，我實在不懂「TBD」是什麼意思，後續溝通會遇上阻礙。

我鼓起勇氣問了。結果對方笑了一下，露出不好意思的神情對我說，這是「To Be Design」的縮寫，公司內習慣這樣說。哎呀，原來才不是會影響專業的技術名詞，只是「待規畫」三個字的英文縮寫而已。

試想，我若沒有鼓起勇氣詢問，繼續不懂裝懂，未來在溝通上可能會造成壓力與誤解；也因此在雙方溝通時，要先確認彼此談話內容中的字詞或主要討論的名詞，也就是所謂「關鍵字」含義為何，非常重要。

掌握好有效聆聽的三招一要，不論你即將訪談的對象有多大咖，都能臨危不亂，與對方談笑風生。

TIPS

問之前不忘聆聽，三招一要保證見效，問出你的職場價值：

第一招：建立大腦主題知識庫。

第二招：用自己的話，整理複述對方的話。

第三招：確認並聽懂對方話裡的邏輯。

一要：要懂獨特「專業術語」或「行話」的關鍵字含意。

3-5

交叉提問法，讓對談達到最佳狀態

以考試來比喻，開放式提問猶如申論題，封閉式提問猶如是非題、選擇題，如同考試時，三種類型考題都會考，與人談話時，不同場合交叉運用合適的提問技巧，才能更容易達到目的！

有一陣子，我常在臉書開直播，與粉絲朋友聊職場提問遇到的難題。在各式各樣的留言中，有一個疑惑讓我覺得格外有趣。網友問：「如果遇到來賓回答完問題，卻仍抓不到重點時，請問有什麼技巧或方法，能讓訪談更順利呢？」

這位網友想必非常苦惱，我也完全能理解他的心情。在電視臺主持名人訪談，乃至於現在每週一集的廣播節目，我確實曾遇過來賓答非所問，或是越聊越遠，聊到外太空去了。

某一回，我受一家公關公司邀約，協助某知名國際顧問機構的高層進行媒體鏡頭訓練。一進到訓練用的會議室，鏡頭燈亮起，我按著跟對方事前溝通過的訪綱，一一詢問這些高階主管，並且針對他們回應的內容進行追問。

這些高階主管們，雖然平常在客戶面前簡報乾脆俐落，學識經驗豐沛，對答流利，但面對鏡頭，卻坦言還是會緊張。

你可能覺得詫異，這些腦袋頂尖、口條極佳的頂尖分析師和決策者，怎麼還會緊張？還需要訓練？不要覺得不可思議，面對鏡頭或麥克風真的不是件容易的事，甚至對於一般人來說，光是把腦中想法邏輯結構化表述出來，就已經充滿挑戰。

面對這樣的情景，到底該如何因應？我研發出兩種版本的「交叉提問法」，可以幫你解決難題。

什麼是交叉提問法？主要有「封閉式提問」與「開放式提問」兩種形式，若能學會在不同時機靈活運用這兩種問題，能更有效地找到需要的答案，也能讓對談者留下好印象，增加未來互動機會。

什麼是開放式問題？簡單來說，就是問題本身沒有明確指向性答案，對方可以

「盡情表達看法」，因此提問者大多使用「為什麼會認為……」（Why question）、「你的看法如何……」（How question）等問法，讓對方能延伸想法，思考問題本質，也能自由且充分地表達意見，是一種能讓對方暢所欲言的問題類型。

由於能讓對方盡情表達看法，因此開放式問題有助於蒐集訊息，增進對彼此的了解，雙方在對談上是一種「請益」的平行交流，有助於促進彼此關係。

相反的，封閉式問題是並沒有給對方充分回應的空間，而是讓對方在框架中給予明確的答案。例如，這個想法是或不是？你想選擇A或B？換言之，受訪者在答題上較為受限，無法暢所欲言，好處是適用於追求談話效率，希望趕快獲得明確回應時，或用來整理對方觀點。

另外，封閉式問題也可以用於對話開頭的小問題，例如，可以用來簡單開啟交談：「現在方便說話嗎？」由於封閉式問題容易回答，很適合作為開啟雙方互動的前哨，然而也因為對方回應受限，對於想要暢所欲言的人來說會覺得受到侷限，壓迫感比較強，較不利於建立關係。

總結以上兩種提問類型，如果以考試答題來比喻：

開放式提問＝申論題
封閉式提問＝是非題、選擇題

如同考試時，三種類型考題都會考，與人談話時，不同場合交叉運用合適的提問技巧，才能更容易達到目的！由於兩種提問各有利弊，我在研究和實戰後，發現若能兩種搭配交互使用，可以讓談話達到最好的狀態，我簡稱為「楚式交叉提問法」。

交叉提問法在實際運用上，就是將封閉式提問與開放式提問交互運用，分成兩種類型：一、以封閉式作頭尾的「封閉—開放—封閉」，又稱「封開封提問」；或是二、以開放式作頭尾的「開放—封閉—開放」，又稱「開封開提問」。兩者都具有使談話順利進行且扣緊主題的功能。

一、封開封交叉提問法（封閉—開放—封閉）

使用封閉式提問作頭尾的「封開封交叉提問法」，最適合用於較為寡言，或是位階較高、你較不熟悉的對談者。它的呈現方式為在開頭問一個易於回答的小問題，

提問法	以考試答題類比	適用時機
開放式提問	申論題	探索問題本質、激發思考、適用於增進關係。
封閉式提問	是非題、選擇題	追求效率，或辯論場上質詢答辯使用。暖場小問題、關鍵字定義、整理對方論點，確認理解，釐清談話主軸。若使用時機不對，會給予受訪者壓迫感，不利於關係建立。

交叉提問法	提問結構	適合對象
封開封 交叉提問法	封閉－開放－封閉 	適合位階差距大、寡言、層級高的受訪者。
開封開 交叉提問法	開放－封閉－開放 	適合侃侃而談、活潑外向、業務性格的對象。

圖表 12：楚式交叉提問法，透過封閉式提問與開放式提問交互運用，就能達到最佳談話狀態。

作為暖場鋪陳，再以銜接的開放式問題，讓受訪者暢所欲言，並於結尾時，使用封閉式提問統整對方回答，確認理解對方意思，達到有效對話。

封開封交叉提問法的好處是能藉由開頭易答的小問題，促進雙方對談互動，打破尷尬氣氛。

我在太陽花學運期間，曾專訪當時的經濟部長，探討服貿黑箱爭議。當時議題非常火熱，不只電視臺長官非常看重這場專訪，經濟部也相當慎重，加上受訪者是經濟部長，我當然繃緊神經，希望讓充滿爭議的內容能有公正客觀的討論空間。

當天一抵達經濟部，架設好機臺，我看著手上充滿敏感議題的訪綱，加上與經濟部長見面後，實際感受到他是一位相對比較謹言慎行的長者，氣氛嚴肅，如何順利訪問，實在充滿挑戰。我決定心一橫，先拋開原本最想問的題目，以封閉式小問題作為開場，詢問部長：「最近網路上不少反對服貿的論點，還被製作成懶人包，不知道您有沒有看過？」

這個小問題非常容易回答，答案就只有兩種：「有」或「沒有」。一問完，我看見部長緊繃的神情稍稍放鬆，可能他也沒想到，我居然問這麼簡單的問題，於是很快回答：「有，看過。」還補一句：「很多資訊都不對。」

其實問這個封閉式小問題是一個兩面策略，不論部長回答有或沒有，我都可以順著部長的回答：如果部長回答「有」，我可以接話以懶人包中的重點提出後續問題；若部長回答「沒有」，我也可以轉換方式，以「提供部長懶人包內容重點」，接續問下一題。

也就是說，無論部長如何回答，我的下一個問題都可以切入問：服貿協議最具爭議的是從兩黨協商要逐條審查，變成直接通過，遭人詬病是黑箱作業，您如何看待這樣的批評？

透過這樣的提問方式，不僅可以切入正題，也能讓訪談順暢。而待部長回應這個問題後，我再以封閉式問題協助統整，例如：所以您的意思是1.＿＿＿2.＿＿＿3.＿＿＿嗎？並且銜接下一個針對服貿議題的犀利提問。如此一來一往，就能創造出對話的精采火花。

由於和部長並不熟，加上議題較為敏感，因此我選擇先用封閉式問題暖場，並順勢鋪哏，接著以開放式提問讓部長暢所欲言，再用封閉式提問框住雙方討論的範疇，並進行質詢；如此交叉運作，就能讓節目流暢又緊扣主題，並且容易歸納出最終結論，讓觀眾有所收穫。

二、開封開交叉提問法（開放—封閉—開放）

所謂「開封開交叉提問法」，顧名思義，就是以開放式提問作為頭尾，跟「封開封」相比，順序剛好對調。

開封開提問法適合知名度高、活潑、且侃侃而談的受訪者，這類型受訪者因為本身非常健談，現場氣氛也會比較熱絡，如果以封閉式提問作為開頭，反而會使他們感到拘束和壓力，建議可以直接拋出開放式提問，讓受訪者盡情發揮，訪談氛圍會更好。

不論是業務、名嘴、老師，或是你如果了解DISC人格測驗，其中的I型人格取向特質的人，都很適合使用。

不過面對外向且善於人際交流特質的對談者，要小心因為對方太會聊，而聊偏主題。就像網友在我的臉書提問，受訪者怎麼聊也聊不到重點時，建議可以運用這套提問法，當對方暢所欲言後，再使用封閉式問題統整對方論點，確認意思或是框住要討論的範疇，避免因對方分享過多而主題發散。最後，再接著延伸具啟發性的開放式提問，就能完成精采對談，並使對方留下深刻印象。

舉例來說，我曾專訪中國知名金融學者宋鴻兵先生，他曾兩度成功預測二〇〇八年金融危機而聲名大噪，也是暢銷書《貨幣戰爭》的作者，經常在兩岸接受媒體採訪，相當能言善道，論述精采。

由於宋鴻兵具有面對媒體的豐富經驗，因此訪問他時，我採取直接切入主題，以開放式提問讓宋先生暢所欲言，再使用封閉式提問框住討論範疇，為後續開放式提問的追問鋪哏，交叉運用下獲得極佳的談話內容。

開放式問題開場：「人民幣納入SDR特別提款權，一路下貶，近期美國聯準會正式升息一碼，您如何看待人民幣和美元未來走勢？」

封閉式問題確認：「所以這也是造成美元中長期會升值的原因嗎？」

開放式問題延伸：「您認為這個現象還會持續多久？」

結尾（或再以封閉式問題聚焦）：「會不會有人因此還不起錢，釀成新一波金融風暴？」

不過使用封閉式提問時，要特別小心留意兩點：

一、**先擬好延伸問題**：封閉式提問可以減少回答者的心理負擔、思考時間比較短，但缺點就是回答受到限制，很難延伸出後續的問題。因此使用時，最好先擬好後續的提問，否則容易使訪談卡關。

二、語氣與禮貌：封閉式問題因潛藏上對下口吻，使用上要特別留意語氣與禮貌，避免給對方負面觀感。

掌握好這些訣竅，下次遇到不同對談者，可以試試靈活使用封閉式與開放式的交叉提問法，不論什麼人都能聊得不費力，雙方也能一見如故喔！

TIPS

善用楚式交叉提問法，不論來者何人都能讓對談最佳化，問出你的職場價值：

1. **封開封交叉提問法（封閉—開放—封閉）**：嚴肅謹慎的對談者，也能大方開口，侃侃而談。
2. **開封開交叉提問法（開放—封閉—開放）**：外向活潑的對談者，也能扣緊主題，聊出重點。

3-6

不被打槍的五種追問方式，讓你擁有聊不停的本事

許多人覺得追問很困難，
以為是天生反應快的人才能做到，
其實，看似不容易的追問也有技巧可以依循。

我記得剛開始擔任訪談主持人時，技巧頗生疏，某一回訪問一位智庫專家關於手機市場競爭分析。播出後，我看著節目，怎麼看就是覺得哪裡怪怪的，說不上來。

這時，一位好心的資深前輩主播，播新聞之前先繞到我的座位，給後生晚輩指點。

他說：「妳的提問不錯，不過在問完之後應該要追問啊！」

追問？當時初出茅廬的我心想，不是就照著訪綱走，一個問題結束，再問下一個嗎？如果追問不在訪綱內的問題，對方會不會覺得奇怪？

前輩意味深長地帶著笑意回答：「不會啦，要站在觀眾的立場想，大家聽完這個答案之後，一定會在電視機前心裡有——的疑問，應該幫觀眾去填補有疑之處，更深入詢問受訪者。」

經過多年以後，我深深感受到前輩這番建議有多寶貴。幫觀眾問出心中的疑惑，正是主持人高下立見的功力所在，前輩一番話改變了我的訪談方式，我至今心存感謝。

追問，對於一場好看的訪談，或是人與人的溝通來說，都是非常重要的環節，好的追問可以讓談話更深入，雙方彼此交流更緊密，認識更深；而失敗的追問，則可能會讓談話失焦，溝通失效。

此外，如果你好不容易遇到重要客戶或主管，想擁有跟對方聊不停的本事，學習如何追問，大有功效。

特別是老闆日理萬機，如何在寶貴時間中問出令人印象深刻的提問，平常必須要練習從一個主題快速延伸數十個問題的能力，例如：記者們常常必須在短時間內擬好非常多的問題，以備不時之需，甚至也必須面臨搶新聞時，第一個提問被受訪者打槍後，能在短時間內問出第二個、第三個問題，為觀眾挖掘消息。

許多人覺得追問很困難，以為是天生反應快的人才能做到，其實，看似不容易的追問也有技巧可以依循。以下整理出五大延伸提問法，號稱「不被打槍的五種追問方式」，讓你擁有聊不停的本事。

一、澄清性問題

追問的第一個技巧就是詢問「澄清性問題」，也就是運用提問去澄清討論議題的定義和範圍。

舉例來說，當某董事長接受訪談時，聊到產業發展概況表示：「面板市場將成長。」聽到這一句話，為了避免現場一陣靜默尷尬，也為了能更理解董事長的想法，你可以運用澄清性問題再次追問所謂的「面板市場」指的是哪一塊市場？

例如：「您提到的面板指的是電視面板，還是手機面板呢？成長是指所有市場，或是特定應用類別的市場呢？」

藉由如此追問，你就能更清楚了解董事長所謂的面板市場不景氣，是涵括多大的範圍。澄清性問題的追問方式與先前提到的「確認關鍵字」有異曲同工之妙，同樣是藉由圈出戰場，讓之後的討論更聚焦，訪談更精準。

二、質疑性問題

除了澄清性問題，你也可以試著提出「質疑性問題」，意思是從根源或反面來詢問董事長立論的基礎何在。

舉例來說，你可以詢問：「董事長認為面板市場將成長，是否有數據支持？來自哪個數據和因素觀察？」

或是你也可以使用他人或機構的數據，來詢問對方意見：「不過××研調機構近期公布最新調查，面板市場未來仍有供需失衡的風險，您是否認同此調查結果？為什麼？」

通常這樣的追問，因為具有正反方交換看法的成分，也會格外精采，對方也可以跳脫思考框架，去反思為何其他人與自己有不同看法，也容易發揮啟發性提問的效果，相當好用。

不過由於質疑性提問是從反面詢問看法，若使用不慎，可能易使對方感到被冒犯，因此要格外注意詢問的態度與口氣。若能令對方感受到誠懇態度，而非故意踢館，就能成功發揮效果。

三、緣由性問題

緣由性提問是指深入探討造成此現象的背後原因，也是很好的追問方式，可以追本溯源找到問題源頭。

舉例來說，你也可以追問董事長：「面板市場成長是什麼原因引起的？是否來自於『Work From Home』遠距在家工作的宅經濟熱潮呢？」

四、行動性問題

顧名思義，就是評估接下來該採取什麼行動，也就是把空泛的討論導向行動思考。

例如：「若面板市場即將成長，貴公司會採取什麼行動因應？是否會推出更具競爭力的產品？」

五、影響性問題

影響性問題就是「探討造成的影響」，也是前面章節介紹「5W1H提問法」中的「How」（如何），放在追問中去詢問立論成立時會造成什麼影響，可以讓對方的思考更深刻，提問者也能得到更具前瞻性的答案。

例如：「面板市場將成長，對於貴公司未來策略規畫有什麼影響呢？」或是你也可以在問句前加上「What/Who/Where/When」，就會變成第二部（2－5）介紹的「啟發性提問」公式，趁著追問之際，在對方心中問出好印象！

介紹完五種追問法，你心裡是否更有譜了？下回與人談話或訪談時，別忘了拿出來使用，不論對方提出什麼想法，你都不會是句點王！

TIPS

不怕被打槍！提問後還能繼續追問聊不停，問出你的職場價值：

1. **澄清性問題：**運用提問澄清討論議題的定義和範圍。
2. **質疑性問題：**從根源或反面來詢問對方立論基礎何在，確認是否判斷有誤。
3. **緣由性提問：**深入探討造成此現象的背後原因。
4. **行動性問題：**把空泛的討論導向行動思考。
5. **影響性問題：**探討造成的影響，可用「5W1H提問法」中的「How」（如何）提問。

用提問力跟無效會議說掰掰

到底要怎麼樣避免會議開到最後失焦，或是討論半天沒結論？

其實，好的提問就能對抗無效會議。

每次跟客戶或合作夥伴開會前，我都會試著以三步驟提問。

年末活動多，大大小小會議不斷，不論是任務分工會議或是腦力激盪創意企畫，我最怕的就是會議開得「落落長」，繞來繞去，開完還沒有結論，必須擇日再開！

遇到這種情況，真的會覺得又累又無力，畢竟年末工作也特別多，要再排出時間重新討論，實在夠折磨人了！到底要怎麼樣避免會議開到最後失焦，或是討論半天沒結論？

其實，好的提問就能對抗無效會議。

每次跟客戶或合作夥伴開會前，我都會試著以這三步驟提問：

第一階段：先對自己提問

開會最怕是搞不清楚到底會議的目的是什麼，討論半天都沒有講到重點，因此開會前，我都會習慣問自己：今天這場會議最重要的目的是什麼？希望解決什麼問題？會議中誰會是解決這項問題的關鍵人？我的角色為何？

透過這些提問，讓我在腦海中先建立起會議討論的邏輯思考架構，接下來會議中的討論與任何發言，都可以輕易放入架構中，清楚知道，目前會議進行到什麼樣的階段？是否已經解決原先設定的問題？還有哪些部分需要補強？或者，是否已經淪為無效會議？

第二階段：針對主題提問

透過上一階段對自己的提問，掌握住會議主題的架構後，接下來我就會開始針對主題進行提問，也就是會議中需要解決哪些問題：為什麼會造成這個問題？影響因子有哪些？全部的影響因素中，哪一項最重要？有哪些解決方法？實際執行解決方法會運用到哪些資源?可行性多高?各項不同執行方法，有哪些優點和缺點?

一一抽絲剝繭後，就能與會議夥伴清楚分辨哪一個解決方法能直搗問題核心，並且實際可行。

第三階段：針對偏題提問

會議中難免會有小偏題時刻，畢竟腦力激盪也必須要給予適度的開放彈性，才能活絡會議討論，氣氛熱烈。

面對小偏題時刻，也不用太緊張，因為有時意外的離題也有可能激盪出不同的創意火花。這時可以使用提問來將偏題的創意與主題對焦，例如：這個想法很特別也很有趣，我們如何把這想法與今天會議的主題（需要解決的問題）串聯起來呢?

或是，如果這個想法真的很不可行，也可以用提問，像是：「可以說明一下這個想法如何解決我們剛剛提到的問題嗎?」或是直接問大家：「我們再確認一下，今天會議主要解決的問題和任務是什麼?」就可以幫助與會夥伴一起拉回會議主軸，又不失禮。

另外一個對抗無效會議、讓討論更熱絡的法寶，就是「5W1H明確提問法」。

朋友A剛升主管，恰巧接手主導動腦會議，每一回要開會前，他總陷入苦惱，就怕開會提問都沒人回應，明明給大家的都是開放式提問，照理說應該很好發揮，不過實際情況卻是問題沒人理，現場一陣靜默，該怎麼辦？

其實只需要將問題加入5W1H明確問題點，就能讓同仁比較抓得到方向回答。

例如，「我們下個月要舉辦記者會，大家有什麼意見？」這樣的問題雖然正確，卻不夠具體，「有什麼意見」範圍太廣，除非是本來就勇於表達的同仁，比較願意先行發言，對於其他同仁來說，可能會先揣測到底長官想聽什麼，而顯得躊躇。畢竟範圍大，說錯的機率也大，因此在提問時，導入5W1H縮小問題範疇，用更明確的提問內容，就能讓人更願意回答。

例如，可以改成「Who」：「下個月要舉辦記者會，你們認為應該邀請哪些單位與媒體？」

這很明顯，就是針對「Who」進行提問，同仁接收到這個問題後，比較能抓到思考方向，可能會從媒體屬性分類回答，無論如何都比「有什麼意見」這樣的提問來得更具體好答。

以此類推，你也可以試著加入「What」：「下個月要舉辦記者會，你們覺得邀請函主題應該設定為何？」或「When」：「你們認為應該在下個月哪一週舉辦較適合？」

透過5W1H來提問，讓會議有一個明確前進的討論方向後，可以再輔以「Why」，去探討為何同仁這樣建議的理由，從中去做更深入優劣的討論，就能讓會議進行得更順利。

另一方面，針對同仁的回答，建議主管不要一開始就給予好壞評價。若覺得建議不太妥當，除了可以透過詢問同仁建議背後的原因，去了解他的思考脈絡（說不定問完，主管會驚豔於同仁的創意），可以先用一句「這個想法很特別」或「這個想法很有意思」等較中性的回應，避免寒蟬效應。

畢竟人人都想討主管歡心，如果發言後被打槍、多說多錯，很可能失去勇氣再表達意見。因此，若希望會議討論熱絡，領導會議者必須調整評價的語氣與內容，讓所有參與者感受到這是一個能安全表達意見的環境，才有可能讓會議氣氛熱烈。

此外，很多時候開會覺得靈感枯竭，或是大家想不出解決的辦法，其實是因為我們常常只站在自己的立場去思考，才會想不透。這時最好的解方就是透過換位思考，例如從客戶、媒體、消費者角度，站在對方的立場，或是站在假想方的立場探詢問題，答案就會呼之欲出。

以剛剛的舉辦記者會為例，除了運用 5W1H 去探討，也可以跳脫活動主辦方角度，去思考：假如你是媒體，你想獲得什麼樣的新聞內容？如果你是消費者，你想看到什麼樣的產品特色？什麼樣的行銷宣傳才會打中你的心？如果你今天是客戶，產品以什麼訴求，可以讓你感到跟自己的需求有所連結？

美國知名作家拿破崙．希爾一生採訪五百多位成功人士，包括發明家愛迪生、汽車大王亨利．福特、羅斯福總統等名人，悟出成功者守則，他曾說：「懂得換位思考，才能真正站在他人立場上看待和考慮問題，並能確實幫助他人解決問題，這個世界就是你的。」換位思考對於解決難題來說，真的是法寶中的法寶。

還擔心會議卡關嗎？別忘了適時運用提問力，不僅可以指引方向，為我們找出真正的答案，透過在不同情境下使用不一樣的提問方式，可能為會議帶來超凡的改變。

TIPS

討論不卡關，問出你的職場價值：

第一階段——先對自己提問：今天為什麼要開會討論？最重要的目的是什麼？

第二階段——針對主題提問：要討論解決哪些問題？可行性？

第三階段——針對偏題提問：使用提問來將偏題的創意與主題對焦。

3-8 用提問取代命令的未來式領導

朋友受公司重用，空降到新部門當主管，除了業務不熟悉，還得服眾，他用了一個聰明的方法：每天與同仁一對一面談，過程中不是自己長篇大論說話，而是不斷對新同仁提問。

前些日子我跟一個擔任主管的朋友見面聊天，他最近因為工作能力出色，受到公司重用，空降到另一個部門當主管，而且位階比之前更高。

聽起來是好事一樁，朋友卻有不少苦水，因為空降當主管，除了新部門的業務領域不熟悉，最難的還得面臨服眾的問題，畢竟新部門屬下可能也會想，為什麼不是自己升遷？公司為何要找個外人（或說外行人）來領導我們？

我問他，那該怎麼辦？沒想到他卻雲淡風輕地說，這就是證明自己領導力的時候。

我笑著問他，對新業務領域都不熟悉，要怎麼證明自己有領導能力？朋友看著我，意味深長地一笑，回答：「其實管理哲學到哪都適用，即使換產業或領域，只要懂得管理，邏輯都能通。」

後來，朋友用了一個滿聰明的小方法：每天下午與新部門每一位同仁一對一面談，一次一位，花一小時的時間，過程中不是自己長篇大論說話，而是不斷對新同仁提問。他除了藉由提問認識新同仁的個性和想法、表達關心，也虛心向他們請教新業務領域的專業。就這樣，一天一天慢慢建立起信任關係，重新凝聚團隊。

我覺得朋友真的很聰明，他的上司果然慧眼識人才，因為提問能創造平行關係互動，也是現在正夯的「未來式領導法則」，用提問取代命令更能激發員工自主思考，引導團隊朝正確的道路前進。

你是否曾苦口婆心勸導，但又不知道為何下屬總是不聽勸？又或者，你是否遇到同樣的錯誤卻一犯再犯？甚至正準備衝刺新專案，下屬卻一臉無精打采？

其實，管理大師彼得．杜拉克曾說：「過去的領導者可能是知道如何解答問題的人，但未來的領導者必將是知道如何提問的人。」這些常讓身為主管的你氣不過的職場瑣事，只要運用提問力就能有效解決。

說破嘴不如一個好提問。特別是面對千禧世代，上對下的命令或勸導已經越來越不管用，如何讓下屬心服口服，自動自發往前邁進，已經成為新世代領導顯學。

舉例來說，當你的下屬犯錯，與其大罵：「怎麼會犯這種錯誤？怎麼教都教不會！算了，我直接告訴你該怎麼做好了！」

未來式領導會嘗試以提問協助下屬思考：

Q1：你為什麼想要這樣做呢？你想要解決什麼問題？（→**先了解下屬行為動機與思考脈絡**。）

Q2：你觀察看看，自己這樣做造成什麼結果？是否有順利解決問題？（→**幫助下屬思考整理錯誤決策帶來的影響**。）

Q3：所以你覺得真正的問題在哪裡？（→**引導下屬找到問題癥結**。）

Q4：除了原本採取的做法，是否有其他可能做法也可以解決真正的問題？（→**引導下屬思考新行動策略**。）

Q5：你覺得新做法的優劣在哪裡？如何增加成功機率？（→**協助下屬思考更**

完善的決策。）

藉由這樣循序漸進的提問，幫助下屬了解思考脈絡的問題癥結，下一次面對類似情況，才能避免再犯同樣的錯。

畢竟「人的腦袋影響行動」，希望他不要犯錯，得先幫助他建立一個懂得何謂錯誤的大腦。

但問題來了，如果你遇到的下屬就是愛跟你唱反調，或是同事對你充滿敵意，又該如何溝通？

這讓我想起，在廣播節目中訪談中卡內基創辦人黑幼龍老師時，他分享了一個獨門訣竅：善用「緩衝句」。

所謂的緩衝句，簡單來說，就是順耳又能舒緩對方情緒的話語，讓對方做好心理準備，有助於他人安排好心理上的安全距離，聽取你的肺腑之言。

他列出了緩衝句三步驟：

步驟1：先以同理心、換位思考去認同對方：「我能夠了解你！」

步驟 2：藉由分享自己也有過的經驗，增進認同感，和對方共享情緒。「我之前也跟你一樣，有過這些想法！」

步驟 3：最後當對方情緒緩和時，再說明現在認為更好的具體解決方案。「後來我發現能夠這樣做，會更好！你認為呢？」

黑老師的法則，就是「先處理情緒，再解決事情」。其實這樣的做法，不僅公司領導適用，在家中或與朋友相處也很適用。有時候情緒對了，事情根本不必說就解決了。

《A 到 A^+》作者吉姆．柯林斯曾說：「從 A 到 A^+ 的領導方式，並非直接提供答案，而是不恥下問，這樣才能引導你做出最好的判斷。」敢問，是這一世代主管的難題，不過提問時也得避免預設立場或否定式提問。

所謂預設立場的提問，指的是問部屬「有既定答案」的問題，像是：「你不覺得宣傳文案的字，如果再大一點會更好嗎？」或是：「你覺得我們現在發行新產品不好嗎？」

這種問法，類似第二部提到的「否定式問句」，也是被我列為七大壞問題的類型之一。因為聽起來雖然像在詢問部屬意見，但部屬卻能明顯感受到主管心中想要的答案，會造成部屬不敢說出內心真正的想法。換言之，這其實不是提問，而是一種「變相命令」。

另一個有趣的現象是，有些主管為了避免命令口吻，會想：「不給他既定答案，那我給他選擇題，總可以了吧？」所以會改口問部屬：「你覺得我們新產品的外殼，是藍色好，還是紅色好？」

這樣的問法，雖然沒有用否定式提問造成的壓迫感，也給了部屬選擇權，但能回應的空間有限。這時，部屬心中若有更適合的選項，但因為主管沒有提到，也不敢主動提出，對團隊來說，討論的創意會受限。

因此，比較好的做法是採取「開放式問題」。舉例來說，同樣的問句可以改成：「為何宣傳文案字體會選擇這樣的大小呢？」以及「你覺得現在發行新產品如何？」「你覺得什麼顏色比較適合？為什麼？」再慢慢引導部屬思考決策的盲點，會是比較不造成同仁壓力的領導方式。

你也想要創造人人自動自發的團隊、提振士氣嗎？試試看轉變提問口吻與內容，你也能成為充滿魅力的領導人。

TIPS

用提問取代命令式領導，問出你的職場價值：

1. 想服眾，說破嘴不如一個好提問，未來的領導者必將是知道如何提問的人。
2. 部屬犯錯時，緩衝句三步驟助你先處理情緒，再解決事情。

3-9 問題大綱如何擬得漂亮？技巧心法全公開

我與一位新創科技老闆會面，該如何提問，才有機會獲得這位潛在客戶呢？我很清楚知道這次見面訪談的目的，是建立「雙方關係」，也就是提問四大價值的R（Relationship），焦點就放在「了解他的公司」。

每到下半年逢活動旺季，主持記者會和論壇就成為日常工作重要部分。不論是巡迴主持投資論壇，或是高科技趨勢論壇，甚至是企業二代參與的領袖高峰會，面對林林總總不同產業與主題的活動，要在主持論壇的精華座談（Pannel Discussion）上跟各領域專家高手對話，問題大綱顯得格外重要。

通常在訪談與主持前，主辦單位都會與主持人研擬問題大綱，雖然現場提問不一定會完全照著大綱運作，但問題大綱在訪談中扮演核心角色，能提供主持人三大好處。

一、切題

透過事先擬定問題大綱，可以幫助我們在事前思考訪談方向，進行規畫與字詞鋪陳，避免談話離題，讓實際運作時的訪談能更切合提問目的。

二、從容

手上握著問題大綱，遇到緊急狀況或是緊張時，還有大綱可以看，避免因腦袋一時空白而說錯話，或問了奇怪的問題。

三、豐富

透過事前資料蒐集，問題設計將會比臨時擬出的更豐富，也較能創造出具有啟發性的提問。

那到底該如何擬出漂亮的問題大綱呢？不久前朋友私訊我，問我到底怎麼準備？因為他已經為了手邊要擬的問題大綱修改了一週，很頭痛。

我完全可以理解，因為多年前我跟他差不多，一篇問題大綱花了好幾個晚上，卻擬不出個軸心，前前後後修改好幾次，但現在我可以在會議中當場想好，直接給予合作廠商問題大綱，甚至接些幫忙擬問題大綱的案子。這些除了身為記者、主持人長年的訓練，其實我發現，問題大綱要擬得好有訣竅可循，分成三步驟。

首先，第一步是「掌握問題意識」。

什麼是問題意識呢？

問題意識指的是整篇訪綱的核心概念，也就是「你為什麼而問？」。簡單來說，就是訪問大綱的「主題」與「提問目的」。

可以試著回顧提問四大價值 RCPC：好關係、有自信、解決力、說服力，檢視一下哪一個功能是自己需要的，放入問題意識中。

舉例來說，你今天要訪談一位重要的潛在客戶，目的很明顯是為了建立關係，此時就不適合提問太敏感的議題，談話目的應該放在「了解客戶需求」和「找到痛點」。

當你掌握了提問目的（問題意識）後，就可以進到下一步。

第二步，有效「蒐集訊息」。

一般來說，以下兩個主題的資訊蒐集最為重要：訪談主題與受訪者。

1. 訪談主題：談話要能活絡，與談資是否充足，關係重大。對於提問者來說，能不能讓提問更深入，攸關腦袋裡有多少料。如同拋接球，能夠接到對方的好球，揮出全壘打，你也得具有「判斷這是顆好球」的能力，因此對於訪談主題進行資料蒐集和理解非常重要。

對我來說，蒐集訪談主題的歷史討論軌跡和最新消息，是每一回都必須做好的功課。其中，最新消息可從新聞翻找，歷史脈絡則可以從書籍探詢，而針對議題的不同觀點或爭議焦點，可以從社論中查找，特別是不同立場的社論，可以去分析各自立論重點，並且交叉比對，就能相對容易找出問題的核心，是一個能快速掌握議題討論焦點的方法。

2. 受訪者：提問最忌諱對於談話者一無所知。了解受訪者的學經歷背景，以及所屬公司的相關介紹，包含產品、市場定位、合作夥伴、競爭對手、公司理念，是訪談前必做的功課。同時，受訪者的過往談話內容和立場，若能事先從新聞或其他熟識者身上獲取資訊，也相當有用，可以幫助你擬定問題大綱的方向。

以我近期在廣播節目訪談 Garmin 汽車事業群沈致瑋總經理為例。由於在論壇認識沈總時，我已得知他過去曾任職於傳統車廠，因此對於電動車議題了解深刻。於是我把節目主軸設定為電動車發展討論，不過電動車討論範圍廣泛，因此我針對電動車的發展，蒐集以下資訊：

1. 沈致瑋總經理過往在媒體上評論過電動車的話題焦點，論點與立場為何？
2. 近期電動車新聞討論哪些重點？目前電動車技術發展的情況如何？
3. 電動車市場角逐玩家有哪些？哪些科技廠加入？哪些傳統車廠也有興趣？
4. 傳統車廠與科技廠在電動車領域發展的差異為何？

透過這些資料蒐集，可以讓自己具有談資食材，隨時炒出一盤好菜。

第三步，「套入問題邏輯與明確問題點」。

找完資料，對於電動車市場的情況初步了解後，我開始擬定問題大綱，設定主題：「傳統車廠與科技廠的電動車市場之爭誰會贏？」並且在大綱中運用5W1H提問法：

1. When：電動車掀起熱潮，不只特斯拉股價在二〇二一年翻了七倍，讓CEO馬斯克登上首富，蘋果也傳出要做Apple Car，連中國小米也傳出可能做電動車，雖然小米已表示暫無計畫，但市場還是高度期待小米可能切入電動車領域，您觀察小米近年推出電動車的可行性高嗎？
2. Who：市場看好，小米可能會找外部合作聯手切入市場，百度和吉利呼聲高，你認為小米有可能找誰合作呢？
3. What：面對科技公司切入汽車領域來勢洶洶，傳統車廠也紛紛奮力推出電動車因應，近期全球最大的汽車零部件供應商Bosch宣布與微軟合作，聯手開發汽車軟體平臺，您認為傳統車廠的優勢和劣勢分別為何？
4. Who+Why：特斯拉一月底因為觸控螢幕故障，召回超過十三萬輛車，又爆出因為品質問題遭到中國政府約談，顯見科技廠要達到傳統車廠的汽車工藝，仍充滿挑戰，而傳統車廠也想要突破科技限制，您認為這場競爭中誰比較可能會贏？為什麼？

5. How：特斯拉計畫推出FSD年費訂閱制，將改變汽車業的商業模式，加上SpaceX整合，不少人認為將顛覆汽車產業，您認為這會如何帶來影響？

如此一來，一份基本的問題大綱順利完成。

再舉一個我與客戶見面的實際案例：

某一回，朋友介紹我與一位新創科技老闆會面，對方近期有品牌宣傳需求，這時我該如何提問，才有機會獲得這位潛在客戶呢？

我很清楚知道，這次見面訪談的目的，是建立「雙方關係」，也就是提問四大價值中的R（Relationship），因此我的提問焦點就會放在「了解他的公司」。並且，同樣運用之前提到非常適合蒐集全面性資料的「5W1H法」，來導入提問中。

What：「你們公司所提供運用區塊鏈和ＡＩ的產品是什麼？應用在哪個市場？有什麼特色？」

Who：「你們公司的團隊有誰？是什麼樣的背景組成？你們的客戶又有哪些？」

Where：「你們公司設立在哪裡？是臺灣公司、中國公司或設在美國？」

When：「你們公司成立多久？目前運作多少年？」

了解這些基本資料後，我已經可以掌握這間潛在客戶公司的市場定位、產品特色，以及大致的歷史。接下來再透過「How」與「Why」來問深入性問題：

Why：「當初你為什麼創辦這間公司？」

How：「你認為你們的產品可以如何改變消費者和市場？」

透過這兩個問題，我開始理解這位創辦人的創業理念、公司的文化及願景。雖然我還沒去過這間公司，不過已能掌握初步輪廓，方便我後續追問引導出合作機會。

除了使用5W1H法來擬定問題大綱，你也可以試試看更快速有效的「三角邏輯法」——「Why」「Why So」「So What」來擬問題。

運用三角邏輯法擬問題大綱時，首先第一步就是問「Why」：面對任何一個陌生的議題或產業，你可以先問自己，為什麼要提問？我擬這篇問題大綱的目的是什麼？從「為什麼而問」中幫助自己聚焦「問題核心意識」，接著再從這問題意識中去問「Why」，形成第一個問題。

舉例來說，今天論壇主題是5G，我可以先問自己為什麼要提問：「我為什麼要在論壇中談論5G？」

獲得問題核心意識（例如：5G很重要）後，就可以開始擬問題大綱：

Why：為什麼5G技術發展是未來重要的科技趨勢？對於臺灣會有什麼影響？

Why So：為什麼5G傳輸如此快速？為何能帶出新商機？又是什麼樣的商機？

So What：5G技術發展將會如何影響臺灣與我們的未來？這些創造出的新

商機又會帶來什麼影響？

透過這樣提問就會很有邏輯和層次。而這樣的技巧，除了可以用來擬正式場合的問題大綱，也可以用在平常職場溝通上，只要是任何你聽不懂的議題、事物、新聞、話題，都可以用這三架構「Why」「Why So」「So What」，幫助你可以在最短的時間內，像記者一樣快速了解和掌握情勢，跟別人沒有代溝地對談。

充分運用以上三步驟：掌握問題意識、有效蒐集資訊，並套入問題邏輯與明確問題點，你也能成為快速擬好問題大綱的好手！

最後帶領你做一場模擬練習：你可以試著在訪談前問自己這些問題，掌握問題意識：

Who：這次的受訪者／合作對象是誰？什麼身分？具有什麼專業？對什麼感興趣？

What：我們要談什麼內容？這內容有何值得討論的關鍵點？

Where：我們將在什麼場合談話？該場合有何特色與氣氛，適合什麼樣的談話？

When：我們見面的時機為何？何時提問最恰當？如何運用提問步驟和設計，以小問題鋪陳後，選擇對的時間拋出最關鍵的問題？

How：如何將提問目的分解成具有層次的連貫問題？如何問出讓對方也能思考、有收穫、並且增進雙方了解的問題？如何讓談話氣氛熱絡，並且創造良好的互動關係？

Why：我為何要與他見面和訪談？提問的目的為何？我希望達成什麼目標？

透過這些自我提問，可以幫助自己釐清提問目的，雙方見面時無論如何發展，身為提問者船長的你，都會更清楚前進方向，帶領雙方航向預定的目標喔！

TIPS

主題不熟也不怕，問題大綱這樣擬，切題、從容又豐富，問出你的職場價值：

- **掌握問題意識：**回顧提問四大價值 RCPC：好關係、有自信、解決力、說服力，檢視一下哪一個功能是自己需要的，放入問題意識中。
- **有效蒐集資訊：**了解訪談主題與合作對象，蒐集談資。
- **套入問題邏輯與明確問題點：**5W1H 提問法、三角邏輯提問法。

Part3 試試看

1. 試著用 5 種追問法：澄清性、質疑性、緣由性、行動性、影響性問題，擬擬看以下問題情境，讓你跟人聊不停。

   問題情境：我覺得股市可能會再漲。

2. 你身為長官，不太滿意部屬成果時，以下哪一種提問較佳？

   A：你不覺得海報的字，如果大一點會更好嗎？

   B：你覺得海報字該多大才能吸引到目標族群？為什麼選擇這樣的大小？

參考答案 1

1. 澄清性問題：請問你所指的股市是臺股還是美股呢？
2. 質疑性問題：不少專家都擔憂股市泡沫化，為何你認為會漲？
3. 緣由性問題：你認為股市會漲與資金熱潮有關嗎？
4. 行動性問題：你也會加碼投資股市嗎？
5. 影響性問題：你認為股市如果繼續漲，對投資人可能會有什麼影響？

參考答案 2

B

Part 4

提問力進階篇：讓提問事半功倍的各種準備

除了問出口的問題，
你的聲音音高、語速，你的身體肢體語言，
也要做好準備，讓你的提問事半功倍！

4-1 肢體語言與語氣音調，爲你的提問加分

每個主播播報的新聞稿開頭，其實差異不大，

但為什麼有些人播起來生動活潑，有些人卻顯得平庸？

你明明跟同事說同樣一句話，但同事得人緣，你卻被白眼，到底問題出在哪？

從前幾部的分享，不知道你是否已經發現提問的祕密：其實提問就是人際溝通的一環，因此骨子裡當然也與各種人際溝通該會的能力相符合。前面跟各位分享了好提問的定義、邏輯與技巧，這一部要來談，為提問畫龍點睛的重要能力：肢體語言和語氣音調。

猶然記得，我剛開始在電視臺播報時，感到很困擾的一個問題是，咦，奇怪，

每個主播播報的新聞稿開頭，其實差異不大，但為什麼有些人播起來生動活潑，有些人卻顯得平庸？

當時還是菜鳥的我，看著自己在鏡頭上播報的畫面，也不禁反省呈現的方式是否可以更好，到底祕訣在哪裡？

為什麼同樣的稿子，不同的人唸出來效果卻差異很大、宛如迥異的內容呢？

不知道你是否有過這種經驗？在職場上，跟同事說同樣一句話，但是同事得人緣，你卻被白眼，到底問題出在哪裡？

其實，關鍵就在於肢體語言與語氣音調！

根據調查，人與人面對面溝通時，其實語言內容對於雙方溝通影響只占了七％，而真正會影響溝通成效的反而是語氣音調，占三十八％，以及表情與肢體動作，占比高達五十五％！換言之，語氣音調和肢體語言幾乎占了溝通成效的九成！

其實也不難理解。同樣一句「你好嗎？」，如果配上溫暖笑容，加上眼神注視對方，會讓聽到的人感受到被關心的溫暖；但如果是眼神看向別處，搭配冷淡的語氣，對方可能會覺得你不甘願，像被人強迫、逼著關心似的。

主播在受訓期間，最常用於練習播報的方式，就是對著鏡子說話與自我錄影，可以檢視到許多不自覺的習慣動作和表情，例如：挑眉、眼睛睜太大、瞳孔過度放大、喜歡咬嘴唇等，都需要透過錄影和實際看著鏡子，才比較容易發覺並改正。

友善的肢體語言能增強受訪者回答問題的意願，增進雙方談話的和諧與融洽，提問也比較容易成功。你可以依此檢視自己：

頭：是否正面轉向對方，並雙眼注視著他？千萬別因為害羞，於是使用側面或斜眼看對方，這會讓對方感到不被尊重，建議說話時要面向對談者。如果注視雙眼會害羞，可以試著看著對方的眉心或是鼻梁，減緩自身的尷尬情緒。但最好的情況仍是看著對方的眼睛，因為眼神會透露出許多言語潛藏的訊息，甚至有些人說到不太確定的事情時，會習慣眨眼，這些動作都可以作為判斷談話訊息的訊號。

表情：可以先對著鏡子檢視自己，神情是否放鬆愉快？嘴角是否保持微微上揚？別忘了，說話時避免皺眉，許多人在談論嚴肅議題時習慣輕蹙眉頭，建議改善這一點，因為容易使氣氛陷入嚴肅緊張。記得讓自己眉心放鬆，嘴角保持上揚，讓對方感受到自己的友善，才能夠越聊越盡興。不過有一例外，若雙方正在談論負面或悲傷的話題，則需要調整嘴角，微笑在此時就顯得不妥了，表情必須嚴肅一些。簡單來說就是將心比心，依照不同談話情境搭配自然適切的表情。

手：檢視看看自己的雙手是否放鬆張開、向著對談者？千萬避免抱胸或扠腰，容易讓對方感到壓力，扠腰也會傳遞一種高高在上的氛圍，建議避免，最佳狀態是雙手自然放鬆張開，可以輕放在腿上，或是手拿枝筆記錄對方的談話內容（例如：採訪時或開會時），就不會顯得侷促不安。

身體：是否向著對談者，且微向前傾，表達樂意聆聽？微向前傾是一種專心聆聽的身體語言，若觀察電視上談話性節目的主持人，他們在聽來賓發言時，通常都會身體微微前傾，展現出希望聽清楚對方談話內容的氛圍（也可能是因此拉近距離，真的會聽得比較清楚）。另一種極端則是完全放鬆地癱在椅子上，這在商務場合應盡量避免，因為除了傳遞出你的態度過度放鬆，容易讓對方不知所措之外，通常腰身陷入椅子、雙手橫放在沙發椅背上時，頭都會稍稍上揚，這時就容易產生輕視對方的誤會。

腳：雙腳是否面向對談者，並放鬆姿態？若是你蹺腳，建議可以將蹺起來的那隻腳向著對方，會傳遞出比較友善、與對方較為靠近的感受。另外也要避免抖腳，以免顯得輕浮。

另外，**音調**也大有學問！有一句話說：「十%的衝突是由於觀點不同；而九十%是因為表達方式、語音和語調。」確實，音調高低可以傳遞不同情緒，同一句話用不同音調呈現，聽者的解讀也南轅北轍。

舉例來說，同樣一句「看電影」，若尾音上揚，會讓話語帶有詢問意味，對方聽起來的意思會是：「要一起看電影嗎？」若語氣下墜，則是有「肯定」的意涵，聽起來的意思會是：「一起去看電影吧！」

不只是中文，尾音變化在英語世界裡更是特別明顯，疑問句會在尾句語音上揚，反之肯定句則在最後語氣下墜。

因此，如果你想要說話鏗鏘有力，更顯專業，可以試著讓每一句的尾音下墜。舉例來說，主播在播新聞時，就是運用每一句語氣都是下墜的技巧，讓自己的聲音呈現權威感，增強信任度。

反過來說，如果你希望呈現輕鬆的感覺，可以試著輕揚尾音，會讓對方感覺更親和。例如，在主持比較輕鬆的宴會或是運動會時，就可以聽到主持人用比較柔軟且語氣輕揚的尾音來活絡現場氣氛。

同時，許多人在說話和提問時，常會不自覺夾帶習慣用語、口頭禪，數量要是過多就會影響訊息傳遞。這時透過錄影練習，就能協助我們事後聆聽，發覺自己提問時的口頭禪，並予以修正；你也能透過拿錄下來的檔案給其他朋友聽，來進一步確認，自己原本認為清楚的表達與提問，其他人是否也能聽得懂並抓到提問的含義。

掌握肢體語言的訣竅，搭配適合的音調傳遞技巧，以及充分地面對鏡子或錄影練習，你也可以成為一名深具魅力的溝通達人。

TIPS

豐富的表情、音調與肢體語言，讓你事半功倍：

1. 說話時留意你的頭、表情、手、身體、腳、音調。
2. 平時不忘充分地面對鏡子或錄影練習。

4-2 斷句斷對了，說話精準沒煩惱

我在主播臺播報新聞時，面對的第一個關卡正是斷句。畢竟，在完全沒有字幕輔助下，要讓播報清晰易懂，聲音必須要有節奏感，而且語意要清楚，斷句絕對是關鍵。

我最近在網路上看到一則笑話：

某天，一位受過高等教育、自以為聰明絕頂的人，因為尿急，跑進一家酒店的豪華洗手間，準備舒舒服服解小便。

進到男廁，準備解放一番時，他猛然看到小便斗上貼了幾個大字：「不要用壞了！」

這位老兄看到這幾個字，撇嘴輕笑，心想：「開什麼玩笑，我這麼有素質的人，

有讀過書的好嗎?又不是鄉巴佬,怎麼可能用壞?!」於是開開心心撒了泡尿,準備離開。

沒想到正要沖水時,自動感應突然水量超大,清水與尿水混雜噴濺出來,灑了他一身。傻在原地的他才恍然大悟,啊,原來這句話少了個逗號啊!

「不要用壞了!」與「不要用,壞了!」明明只少了逗點,意思卻差十萬八千里。

這個故事除了逗人發笑之外,其實也給我們一個很大的提醒:斷句非常重要。人與人溝通,斷句可說是背後的靈魂,標點符號的奧妙,就在於讓語意能有不同的表達。不僅能讓聲音具有節奏,更重要的是讓意思傳遞得更明確。

因此,斷句千萬不能亂斷!有趣的是,我們從小學寫作文時,已經多方練習標點符號,大部分的人都熟能生巧,至少不容易造成書面文字語意上的誤會;但是,當人與人直接對話時,看不見標點符號,如何用聲音呈現出來,卻讓很多人頭痛萬分。

我在主播臺播報新聞時,面對的第一個關卡也是斷句。畢竟,在完全沒有字幕輔助下,要讓播報清晰易懂,聲音必須要有節奏感,而且語意要清楚,斷句絕對是關鍵。

那我們會怎麼斷句呢？除了一般句子間的標點符號，絕對是聲音停頓的斷句點，我們還會依照這篇稿子中要強調的重點，進行斷句來凸顯。

舉例來說，以下這則新聞標題：

「美財長喊話：拜登五十四兆紓困案若通過，明年可望全民就業。」

這一句話的重點，很明顯在於這起紓困案若通過，可能會帶來的影響。但如果我在播報這一句話時，刻意將斷句擺在「喊話」、「可望」兩個字，你可以試唸看看，這一整句就會成不知所云的一句話。

為什麼呢？因為斷句會做出「強調」的效果，而當聽眾在看不見字幕的情況下，耳朵可能就只會接收到我特別斷句強調的這兩個關鍵字「喊話」與「可望」。

也因此，聽眾收聽到的會變成：「×××喊話，可望×××」，換句話說，她根本聽不太清楚到底誰在喊話，又造成什麼影響。由於沒有強調主角，以及後續影響的主要結果，聽眾可能一頭霧水：到底發生什麼事情？

你可能會很委屈的說：「可是我整句話都有唸完啊！」這就是有趣的地方了，你唸完了，但聽眾不一定能聽清楚，畢竟人類的注意力有限，聽覺又容易受周遭環境干擾，因此即使整句唸完，但因斷句斷錯了位置，一切都付諸流水。

因此，這句話比較適合的斷句，會放在「紓困案」「若通過」「明年」「全民就業」這四處，透過強調這四個關鍵字，可以幫聽眾在短時間內接收到：紓困案若通過，明年會帶來全民就業的好處，幫助聽眾在短時間內接收到你要傳達的訊息重點。

然而，你如果想要強調五十四兆金額，也可以選擇在「五十四兆」斷句，這時聽眾的接收就會特別鎖定在金額，分外感受到這筆紓困金的龐大。

換句話說，我們能透過靈活運用斷句，來幫助自己傳達出不同的語意，強調說話內容的重點。

這就是斷句的奧妙之處！斷得巧，聽得瞭。斷句對於雙方順利溝通非常重要，想要成為更具說服力，而且說話更有影響性的人嗎？可以試試看從學會斷句開始，你會發現溝通更暢通無阻！

TIPS

斷句斷得巧，對方聽得瞭，讓你事半功倍：

用斷句傳達不同語意、強調說話重點。

4-3 說出讓人喜歡跟你聊的音頻和語速

正當我感到一切應該都很順利時，

我明顯感受到美國債券天王丹佛斯停頓了一下，出現短短幾秒的尷尬落差，觀眾可能很難領會，可對於做過許多訪問的我來說，這是非比尋常的訊號。

除了斷句會影響談話效果，其實口語溝通要順暢，與人談話可以聊不停且氣氛和諧，背後還有一個小祕密，是許多人容易忽略的「語速與音頻」。

你知道嗎？正確的語速與音頻能激發對方更願意與你聊天。

我曾在多年前採訪美國債券天王丹佛斯，至今印象深刻，因為這場專訪教會了我音頻和語速有多重要。

採訪當天，我和攝影團隊早早到達會議室等待，攝影一邊架設機臺設備，我一邊看著手中訪綱，眼角不時瞄向門口，內心緊張著。畢竟，即將採訪的大師可是與比爾．葛洛斯、華倫．巴菲特齊名的美國債券天王丹佛斯，管理的債券基金規模超過兩百億美元，有「債券界巴菲特」美名！

丹佛斯比預期早抵達錄影現場，出乎我意料地是一位非常慈祥的老爺爺，相較於新興市場教父墨比爾斯的王者氣場，以及商品大王羅傑斯的俏皮犀利，丹佛斯像是家中長輩般平易近人，卻更顯得特別。

我很快放下懸著的心，開始一如往常錄影，對著鏡頭俐落開場，並且向丹佛斯提出第一個問題。

正當我感到一切應該都很順利時，沒想到，第一個提問結束後，我明顯感受到丹佛斯停頓了一下，空氣中出現了短短幾秒的尷尬落差，接著大師才緩緩說出他的分析看法。

這幾秒尷尬的落差，如果觀眾不在現場，可能很難領會，電視上也不一定看得出來，可是對於已經做過許多訪問的我來說，這是個非比尋常的訊號。

我也觀察到，丹佛斯雖然回答了我的問題，但雙方似乎出現一種各說各話的感覺，兩人坐在彼此對面，卻宛如平行時空。

經過一陣思考，我才赫然發現，原來問題就出在我們的語速和音頻落差太大。當我以平常俐落快速風格開場和提問時，對於平時習慣以較低音頻和緩慢語速溝通的丹佛斯來說，其實是陌生且唐突的。雖然他身經百戰，接受過許多專訪，還是能做出有效回答，但我這樣的提問方式只是把問題問完而已，並沒有達到人與人之間溝通互動的破冰效果，甚至可能對他造成壓力。

思考到這一點之後，我當下立刻決定調整音頻和語速，刻意把聲音降低，說話方式也變得緩慢一些，沒多久我就立刻感受到雙方突然「對頻」，兩人的溝通更順暢，丹佛斯也更加暢所欲言，最後完成了滿意的訪談。

這次經歷對於我是一個非常重要的轉捩點，往後訪問任何的受訪者，我都會先在寒暄時觀察對的音頻與語速，選擇適合雙方的方式來溝通，通常都能帶來不錯的效果。

就如同我們對孩子說話時，會變為娃娃音，不是為了裝可愛，而是這樣的聲音對於孩子來說比較習慣，接受度比較高，也讓溝通效果更好。

人其實會不自覺傾向與自己語速和音頻相近的人對話，這就是音頻和語速的魅力。

你是否遇過感到「非常對頻」「頻率契合」的人呢？下次再仔細觀察看看，很可能就是因為對方與自己的聲音頻率和說話速度相仿，讓你有種舒服的感受，雙方自然而然交流更多，感覺更親密。

TIPS

聲音語速與對方同頻，讓你事半功倍：

人會不自覺傾向與自己語速和音頻相近的人對話，下一次提問前，記得先觀察對方習慣的速度與聲音頻率，並適當調整。

4-4

與重要客戶或高層對談前的五個準備技巧

我發現許多人常需要「準備提問」，不論是經常外出拜訪重要客戶的業務，與各路好漢或大企業募資的創業家，或希望讓老闆留下好印象的上班族。接下來總結前面的好提問原則，有天面對大人物、重要客戶時都能用上！

自從接下電視臺名人專訪的主持棒，我很幸運在三十歲之前就訪問過上百位各領域專家領袖，其中不乏夢幻名人，像是與索羅斯共創「量子基金」的商品大王羅傑斯、新興市場教父墨比爾斯、美國總統小布希財經顧問丹尼爾．拉賓，或是科技業領袖如安謀執行長席格斯等。

坦白說，每一回訪談的壓力不小，要與全球頂尖領袖坐下來面對面，需要事前做好充足準備。每一回訪談順利結束，總有朋友好奇問我，到底訪問這些企業領袖、大咖專家學者，我做了哪些事前的準備工夫？

這幾年，我發現「準備提問」這件事，許多人都很常碰到，特別是經常需要外出拜訪重要客戶的業務，或是向各路好漢或大企業募資的創業家，甚至是對於升遷有所期待、希望能在老闆眼中留下好印象、有企圖心的上班族，其實跟我遇到的是同樣的情境。

我在前面已仔細分述問出好問題的概念，而這一篇文章，我將總結前面傳授的好提問原則，統整自己這幾年準備的形式與框架，濃縮成內、外層面，一共五個事前準備技巧，可說是一個統整版本，供大家參考。

首先是內層面，指的是針對內在知識與思考的準備。我在事前會從三個方向著手。

技巧一：多蒐集談資，增加腦中儲備知識。

所謂知己知彼，百戰百勝，與企業大老或知名專家學者對話，最忌諱對於他們的豐功偉業、擅長領域一知半解，或是去問一些 Google 也查得到的基本問題資料。

這不僅對於對方有失尊重，也顯示出自己的懶（居然連 Google 也不願查），有損專業，尤其是對方時間寶貴，每分鐘可能幾萬美元上下，如果他發現時間居然花在回答你的無知與懶惰，心裡肯定不舒服。所以，對話的第一步，絕對是清楚掌握對方的相關資料，以及有興趣的議題，像是他對於個別議題的態度與論述。

另一方面，由於知名人士大多已有媒體相關報導他們的豐功偉業，此時就可以**善用「萬能的小問題」：詢問對方的成功經驗，作為雙方談話前的破冰**。

人類本就具有喜愛分享的特質，特別願意與他人說自己比較擅長的事物。尤其身經百戰的企業領袖們，多是走過風雨、胼手胝足打拚才有今日地位，成功的背後充滿故事，因此詢問對方的成功經驗，往往能獲得良好的回應。

我在進行名人專訪時，常常必須面對許多嚴肅的創業家、老闆、董事長，這時如果問對方：「這次推出的產品怎麼會如此成功？在市場上反應很好，是做對了什麼事情呢？」通常都會開心一笑，然後以成功人士角度分析給你聽。

透過詢問成功經驗，不僅能讓談話熱絡，受訪者也會感受到提問者的善意，並放鬆下來，之後也能從回答中延伸出更具啟發性的問題。例如：「不過競爭對手在這一塊市場也急起直追，我們要如何持續保有優勢？會不會擔心對手的競爭瓜分市場？」此時，這樣的問題就顯得較無殺傷力，而是站在同一陣線的詢問，不僅有機會獲得策略分析的最新情報，讓談話內容更豐富，也有機會使得對方藉由回答受到啟發，對你印象深刻。

技巧二：多準備「Why」「How」延伸性問題。

接下來，我會將蒐集來的對方資料進行分類，再把與談話主題相關的部分記錄下來。

舉例來說，專訪聯電榮譽副董事長宣明智先生時，我查到新聞提到他關心青年職涯發展，這就可以存入談話情資，「青年創業」會是延伸提問的好主題。接著在問題設計時，我先查詢青年創業的現況，再加入自己對於青年困境的觀察或新聞資料，運用前面提到的啟發性提問公式＝What / When / Where / Who ＋ Why / How，多提出「Why」「How」的問題，就可以擬出具有深度和意義的提問，不僅能使談話內容更深入，也能讓對方更有發揮空間，熱絡對話。

技巧三：多訓練邏輯，臨場追問展現個人專業。

追問是讓受訪者對自己印象深刻的好方法，一個好的追問會顯示出提問者優異的邏輯與豐沛的知識。

前面分享的「五大追問法」，平日就可以多加練習，試著在同一主題針對不同面向來追問，需要臨場反應時也會更熟悉。

另外，平常也可以多訓練自己的邏輯思考能力，特別是「三角邏輯提問法」，透過將每個主題拆解為「Why」「Why So」「So What」，幫助自己習慣去了解每項議題背後的邏輯架構，應用在實戰時，就能成為反射動作。

我高中時曾擔任辯論社社長，為了幫助自己習慣邏輯思考，在沒有辯論賽的閒暇時間，我會利用報章雜誌的論述來做思考訓練，特別是針對評論文章中寫的論述，去思考為什麼他這樣說？他的立論根據何在？可不可行？能否解決根本問題？（也就是「三角邏輯提問法」的「Why」「Why So」「So What」。）

介紹完三個內層面的準備技巧，接下來談到外層面。所謂外層面指對外展現，包含溝通與表達兩部分，我會做兩種準備。

技巧四：穿著必須合適，妝容必須得體。

人要衣裝，佛要金裝。我的穿衣哲學是「適切」最重要，因此我通常會依照談話內容主題與對方所在領域文化挑選衣服，例如：新創圈習慣輕鬆年輕的穿著，科技大老偏好正式氣質，金融圈習慣知性專業，藝文圈可以流行一點，外加使用配色，讓對方第一眼見到我就感到舒服不刺眼。

我曾在一個金融圈場合，見到某位與會者身穿時下流行服飾，還畫了橘色眼影，說真的，在以專業職場人士打扮的聚會裡，她顯得格外突兀，而這樣的突兀並沒有加分效果，反而容易讓人質疑她的專業。

在講求個人特色的時代，衣著品味固然重要，但我認為在不同場合也得穿上符合該場合特性的衣著，而非一再強調自己的獨特性，比較容易與對方溝通。畢竟在職場上，特別是與專業人士對談時，多為商業考量，要溝通的是商業主題，而不是你的個性。因此千萬別讓衣著反客為主，成為溝通焦點，讓主題回到主角位置吧！

技巧五：多用肢體語言展現溫暖。

再好的詞句與提問內容，如果沒有配合肢體語言，也無法讓對方留下好的感受。

如同我們之前所提，肢體語言占溝通的九成，地位至關重要。

與重要人士訪談，我會特別留意自己的肢體語言，除了注意自己的手勢不要太多，也會用眼神注視對方。

不少人直接看著對方的眼睛，會覺得害羞，尤其對方若是位高權重的大師級人物，內心會更緊張。其實，你可以試著看對方的眉心，會是比較安全的做法。不過我個人還是習慣直視眼睛，因為眼神會透露出許多訊息，和暗藏的情緒，對於後續訪談的進退是非常重要的參考依據，還是建議大家平日能找朋友多練習看看。

另外，也要切記不能抱胸，這會傳遞出防衛的意識，不利雙方深入談話。你可以手上拿著筆，記下對方的談話內容，不僅雙手不會因為空著而尷尬不知道要擺哪，也能透過記筆記傳遞出「認真聆聽」的狀態，對方會感到舒適。若突然發生臨時變故，剛剛記的筆記重點也能用來臨場發揮。

此外，我也會依照談話內容以點頭做回應。有些人會習慣用「嗯」來回應對方說法，不過這其實會打斷對方說話的節奏，特別是在錄影時，對聽眾來說是種干擾，我通常會避免，改以點頭方式進行。

如果未來有一天，你也跟我一樣需要面對大人物、重要客戶，可以參考看看，我已經用這些撇步訪問過上百位全球頂尖領袖，你也可以試試看是否有效！

TIPS

由內而外檢視五個事前準備技巧，讓你事半功倍：

與大人物對談前，多蒐集談資、多準備延伸性問題、多訓練邏輯、多留意衣著妝容與肢體語言。

4-5 敏感話題這樣問，讓你擁有好人緣

「最新消息，某公司因市場競爭激烈，最新公布財報變差。」此話要是一播出，絕對非同小可，電視臺可能立刻接到客訴。倘若改成：「某公司因市場競爭激烈，最新公布財報呈現下滑。」光是把「差」改成「下滑」，聽起來就順耳多了。

從事媒體工作多年，有許多開心的時刻，像是能採訪各行各界的領袖人物，從這些巨人肩上獲得看世界的新觀點，常讓我感到工作深具價值。

不過，人在江湖難免身不由己，特別是在電視臺跑線當記者時，總會遇到一些情況或是新聞風暴，平常熟悉的領導人或友人突然搖身一變成了新聞人物焦點，而

自己正是要前去採訪他的人。天啊，這麼尷尬的情況到底該怎麼辦？

我就曾遇過認識許久的公司，突然陷入爭議危機，必須開記者會說明，主管指派我訪問。一到現場，熟悉的公關友人立刻上前，希望我能幫他們一把，但另一邊，長官又需要我帶回公正客觀又有話題的新聞，真是左右為難。

面對這種時刻，其實正是考驗提問技巧的好機會。要如何讓提問不偏不倚地帶回公正客觀的內容，又不會破壞雙方關係？以下分享兩招。

一、使用中立字眼

剛坐上主播臺時，我們就被嚴格叮嚀，新聞播報最重要的就是平鋪直敘，呈現事實，因此在字詞的選擇上一定要特別留意，避免情緒性用詞，必須選用「中立」字眼。

什麼是中立字眼？簡單來說，就是平鋪直敘，說明事實，沒有評價好壞。

舉例來說，當播報到一間公司因面臨市場競爭、業績衰退時，身為專業的主播，千萬不能直接在主播臺上說：「最新消息，某公司因市場競爭激烈，最新公布財報變差。」這一播出絕對非同小可，可能立刻接到客訴。

那該怎麼說呢？應該說：「某公司因市場競爭激烈，最新公布財報呈現下滑。」有沒有發現？光是把「差」改成「下滑」，聽起來就順耳多了。同樣都是表達營收減少，使用「下滑」或「下降」的字眼，比起「差」或「糟」等明顯帶有攻擊性和負面表述的字詞來說，既能客觀呈述，又能避開批評的風險。

這樣的技巧同樣可以運用在提問上。回到上一個例子，當我必須對熟悉的公司或人提出敏感問題時，也可以運用「中立字眼」來避免雙方關係破裂。

舉例來說，「這個產品會對環境造成破壞」可以改為「這個產品會為環境帶來風險」；或是「行銷效果衰退」，可以改為「行銷效果不如預期」（或下滑），這都是很管用的小技巧。

二、假借第三者立場

除了在用字遣詞上多花心思，另外一種處理敏感問題的方式，就是「假借第三者立場」詢問。

網路上可能大家都有經驗，某人在上面詢問比較私密的問題時，開頭就寫「我的朋友有個困擾……」，於是底下開始留言：「先承認你就是你朋友吧！」

雖然是開玩笑，但也呈現出人會本能地假借第三方的名義來處理敏感議題，而在職場上面對上司主管或客戶，甚至如我一般需要採訪產業領袖，必須問到比較負面的問題時，藉由「第三方資料引述提問」，是相對安全的解套策略。

舉例來說，你被指派去問大老闆：「特斯拉電動車掀熱潮，傳統汽車產業會不會受到打擊？」

這雖然屬於合理的討論主題，不過若想避免對方感受到被否定，建議你可以先查詢新聞報導，或是找研調機構報告作為第三方，改為如此提問：

「根據××研調機構指出，汽車產業面臨無人車和電動車等新科技衝擊，未來可能面臨相當大的挑戰，您認同嗎？」

透過第三方的角度詢問，不僅強化提問的資料憑據，也讓整個問題顯得更不帶個人觀點與情緒，焦點變成是「針對該研調機構評論分析」做回應，就不容易傷害雙方的關係。

除了研調機構報告，新聞內容也是非常好的運用管道。例如，想問名人的感情狀態，突然開口問就顯得唐突了，不少娛樂線記者就會以媒體傳言作為引子去詢問明星；又比如企業領袖的持股狀態，或公司董事會人事爭鬥情勢，財經記者也多會以媒體報導的內容詢問，是比較保險的做法。

除了這兩招可以解決敏感提問，還有一個技巧也能讓對方更願意回答自己的問題，讓你擁有好人緣，那就是：尊重。

所謂的尊重，並非指不能批評對方的觀點，而是指「讓對方有完整的發言權」。如同一句經典名言：「我並不同意你的觀點，但是我誓死捍衛你說話的權利。」

因此，讓對方能完整表達理念相當重要，特別是「即使對方回答的是已經知道的事情，也要保持禮貌，不要立刻表明已經聽過並打斷」。

畢竟當對方滔滔不絕地向你解說，卻換來一句「這個我之前就知道了」，想必會澆熄對方的熱情、尷尬作結。因此，適時地「不揭穿聽過的事實」，才能避免尷尬，讓對方更樂於回答。

同時也可以轉個彎，以「剛剛您提到的觀點，其實近期×××媒體上也出現類似評論，這個議題果然相當受到重視，那麼您是否能更深入分析，為何會產生如此觀點？」來延伸提問深度。

面對敏感議題，最重要的還是發揮同理心，己所不欲，勿施於人。試著換一個立場思考，自己若是對方，希望如何被人提問？在預期可能會有點尷尬的情況之下，如何問才能讓對方的感受稍稍舒服一些？多一些同理，就能讓人感到貼心和善意，再困窘的局面都有可能化險為夷。

TIPS

敏感話題這樣問，讓你事半功倍：

選用中立字眼、假借第三者立場、尊重與同理對方。

4-6

設計問題點，讓提問不只好，還要更好！

如果聊疫情，比起問對方：「你認為新冠肺炎疫情未來會如何發展？」不如改為：「你覺得新冠肺炎疫情，今年七月會結束嗎？」加入明確的問題點，雙方就會有說不完的話題。

每一回我到企業或對外公開授課，都會特別設計練習題，邀請同仁或學員一起實戰演練，一方面能讓我了解大家吸收學習的情況，另一方面也能從旁了解大家提問時會犯的錯誤或遇到的瓶頸。

經過幾次現場對話，我發現最多人遇到的難處，仍是不習慣在提問中放入明確問題點，也成為提問層次升級卡關的原因。

除了學會問出合乎規範的好問題，應該進一步挑戰問出「更好的問題」，訣竅就在於問題點的設計。

舉例來說，你經營多時，終於約到跟重要客戶會面，這時你可能想閒聊時事話題，來打破尷尬。你想到疫情持續是話題焦點，於是詢問他：「你認為新冠肺炎疫情未來會如何發展？」

其實，問這樣的問題，雖然沒有不好，也合乎我們前幾章介紹好問題的架構，但這並不能算是一個「更好的問題」。如果真的要與對方聊疫情發展，相較於詢問他「會如何發展」，不如改為：

「你覺得新冠肺炎疫情，今年七月會結束嗎？」

這樣的問法，不僅比較有明確的問題點，也可以讓他思考：「對啊！會在七月結束嗎？還是會在別的時間點呢？」

否則，他很可能回覆：「我覺得還是會很嚴重。」這樣你們的對話就結束了。有一個明確的月分（問題點），會幫助對方思索更多。同時，若他回答一個並非這個答案的月分，你還可以往下探索：「為何認為是這個月分？」雙方就會有說不完的話題。

第二個狀況是，當客戶跟你提到新產品，或是即將推出的新計畫時，你可能會先問：新計畫或新產品內容是什麼呢？（What）不過切記問完「What」之後，不要立刻推銷產品。

為什麼呢？因為在還不全然了解客戶需求的情況下立刻推銷產品，反而會失去雙方藉由談話建立關係、挖掘顧客需求的機會。

比較建議的做法是運用「5W1H提問法」去徹底了解客戶的新專案，從中也可以獲得更多情資，對方也會感受到你的關心。人會對於關心自己的人產生好感，而好感是說服成功的前提。因此，你可以試著問他：

- 產品的特色？與其他競爭品牌不同之處？
- 產品預計推出的時間？為什麼是這個時間點？
- 產品鎖定的TA（目標客群）？目標市場？預計在哪些通路販售？
- 產品背後的開發團隊是誰？（說不定有你認識的廠商，可以協調合作。）

假設客戶告訴你，產品的TA是三十到五十歲的上班族，即使沒推銷產品，也可以得到寶貴情資，掌握到「客戶現在正鎖定這塊市場」，未來只要跟這塊市場有關的人脈和資源，你都可以更快整合給客戶，建立你與客戶的關係，或是展開異業合作。

這就是「好」提問與「更好」提問的差別。

更好的提問會創造更多機會，讓人如沐春風。

更好的提問是長線布局、放遠思考；絕對不是短視近利。

更好的提問是幫助自己找到能給予的，而不是鎖定可以獲得的。

因為給予才能創造更大的力量，先給予才會獲得更多。

祝福大家都能靠提問讓自己的職場魅力升級。

TIPS

提問不只好，還可以更好，讓你事半功倍：

讓提問更好的祕訣——加入明確的問題點；推銷自己之前，先挖出對方的需求。

4-7 用提問走對人生方向

我希望十年後能做一個對社會有正面影響力的人，還能繼續出書、當作家，分享我的知識與所聞所想，幫助需要的人，同時過著時間與財富自由的健康生活，與家人保持親密的關係。思考自己未來的具體樣貌，就是為自己的人生定錨。

每年之初，都是我思考未來的重要時刻。畢竟時光飛逝，若沒有擬定好目標與計畫，時間常無意識中悄悄溜走，除了留下老化的皮囊，若自身成長或生活都一成不變，沒有進展，實在是件可怕的事。

所以，我習慣一年之初會先靜下心來，好好與自己對話，特別是「對自己提問」，這能幫助我每一年都過得更有意義，充足而踏實。如此點點滴滴的累積，才能讓時間生出複利價值，在未來創建美好的成果。

如果你跟我一樣，期待自己能過著精采豐富的人生，那接下來分享三個我的「對自己提問」私密清單，希望對你有所幫助：

第一個問題：十年後我想成為什麼樣的人？

這是我每年都會問自己的問題：我想變成什麼樣的人，包括工作與職稱，和希望過著什麼樣的生活。

我會具體列出來，我對於十年後自己的期待，他人眼中的自己，與自己希望的樣子，這兩個部分我都會思考。

例如，我今年寫下的答案是：我希望十年後能做一個對社會有正面影響力的人，還能繼續出書、當作家，分享我的知識與所聞所想，幫助需要的人，同時過著時間與財富自由的健康生活，與家人保持親密的關係。

思考完第一個問題，其實就是為自己的人生定錨（或說定位也行）；接著，我會問自己**第二個問題：目前的我與十年後的目標距離多遠**？**我該如何調整**？

簡單來說，就是檢視自己「手上有多少牌可以打」。透過掌握自己目前擁有的資源，去檢視哪一些有助於達成未來目標，又缺少哪一些，有待補足，這時就會形塑出明確的前進方向。

接著，就是用提問幫忙擬出行動策略，問自己第三個問題：**若要達成十年後的目標，我今年應該如何做？完成什麼任務？**

我很喜歡一本書，也是之前直播（主播線上讀書會）曾分享過的《鬼速PDCA工作術》，內容就提到：「成功，其實是靠每一個動作累積。」換句話說，把遠大目標拆解成每天具體可實行的小步驟，就能抵抗「好難，我做不到」的負面情緒，幫助自己穩定向目標前進。（這也非常適用於減重！）

透過這三個問題，可以幫助我更清楚每一年的目標，腦海中有明確的邏輯架構，知道自己的現況與進展，生活再忙也能分出事情的輕重緩急，每一天的生活也會過得更有感。

你是否常感到工作生活混亂與挫折，面對問題時不知該從何解決？又或者面前有許多條路，不知該走哪一條？

我們常說，人生就是不斷選擇的過程，也因為充滿選擇，往往讓人迷惘，或是因為做錯決定而面臨更多新問題。

學會對自己提問，是能確認自己走在正確道路的好方法，如果你正被某些事困擾著，卻找不出原因，建議你可以針對讓你感到困擾的問題，去問自己前面章節提到的五個「Why」，藉此找出最核心的根源。

若你面臨撲朔迷離的局勢，不知未來該如何選擇，可以參考管理學經典的「SWOT分析法」，也非常適合與自我提問結合，幫助你思考和突破困境。

SWOT強弱危機分析又稱「優劣分析法」，可以幫助我們透過評價自身的優勢和劣勢，看清局勢，適合用於人生決策思考，或當你在職場上遇到問題時，可以思考事態可能如何發展。藉由問對自己問題，幫人生加分。

舉例來說，如果你現在正面臨人生難題，你可以試著套用SWOT分析法問自己如下問題：

S，Strengths（優勢）：目前在處理和面對這個問題上，我有哪些優勢？我的優點在哪裡？有哪些比別人厲害的地方？這些優點該如何發揮，才能解決問題？

W，Weaknesses（**劣勢**）：目前在處理和面對瓶頸上，我的弱點在哪裡？有哪些不足之處？這些不足之處對於問題的影響有多大？是否有辦法補足不足之處，或是在解決問題時避開我的弱點？

O，Opportunities（**機會**）：現在的情況和環境，哪些是對我有利的？我擁有哪些機會？這些機會分別有哪些優缺點、該把握哪一個？

T，Threats（**威脅**）：對現階段而言，我最大的威脅為何？有哪些顯而易見的威脅？又有哪些潛在威脅？

舉例來說，我從主播轉戰自由媒體人時，是職涯中非常冒險的決定，當時我便使用SWOT分析法，協助自己思考，找出我的優點在於口語傳播與科技金融產業專業知識，而弱項則是不熟悉新媒體和網路行銷；另外，我擁有的機會在於擔任過電視臺主播，因此累積一定知名度與觀眾，可以成為發展自媒體的基礎，但若真的創業，面臨的威脅有激烈的市場價格競爭，畢竟主持人越來越多，價格也越殺越兇。

我透過SWOT分析，掌握自己的優劣勢，並且明白未來的機會與威脅後，我更清楚知道，如果想要避開價格競爭，我必須做出品牌的獨特性和市場區隔，因

S **我的優勢（Strengths）**	W **我的劣勢（Weaknesses）**
・目前在處理和面對這個問題上，我有哪些優勢？ ・我的優點在哪裡？ ・有哪些比別人厲害的地方？ ・這些優點該如何發揮來解決問題？	・目前在處理和面對瓶頸上，我的弱點在哪裡？ ・有哪些不足之處？ ・這些不足之處對於問題的影響性多大？ ・是否有辦法補足不足之處，或是在解決問題時避開我的弱點？
O **我的機會（Opportunities）**	T **我的威脅（Threats）**
・現在的情況和環境哪些對於我是有利的？ ・我擁有哪些機會？ ・這些機會分別有哪些優缺點、該把握哪一個？	・對現階段而言，我最大的威脅為何？ ・有哪些顯而易見的威脅？ ・又有哪些潛在威脅？

圖表 13：當你面臨人生難題，以 SWOT 分析問自己。

此我訂下的目標為：鎖定知識門檻較高的科技金融產業主持活動，同時藉由上課和收聽節目，增強自己對於新媒體和網路行銷的理解，就這樣一步步走到今天，猛然一覺，我在創業這條路上竟然還活著呢！

另外，如果你對自己提問時遇到瓶頸，覺得一直找不到癥結點，也無法找到解決方法，你可以試試看「焦點轉換」的技巧。很多時候我們在職場上常陷入糾結，可能是搞不清楚為什麼自己的提案明明很用心準備，內容也很精采，同事都說不錯，為何到了長官那裡就是不過關；又或者，為什麼升遷是別人，不是自己？

這時如果你陷入了苦思的死胡同，進而影響情緒，其實也無助於事情解決。我們的感受可能都沒錯，你的能力也確實很優秀，但我們往往欠缺從長官角度看事情的焦點轉換。

這時你可以試著把自己設想為長官，問自己：如果我是長官，我目前最在意的事情是什麼？對於這份提案，我認為優缺點是什麼？目前亟需解決的問題為何？提案能否解決問題？提案是否與我在意的事情有所衝突？

而若是不懂為何升遷不是自己，也可以焦點轉換思考，對自己提問：如果我是長官，我認為「我」（也就是自己）與另一位被升遷的同事各有那些優缺點？這次升遷的位置所需的能力有哪些？我與那位同事的能力哪些相符、哪些不相符？如此可以協助自己釐清是否有哪些不足，或是真有些自己無法突破的瓶頸，藉此重新評估職涯發展和個人規畫。

愛因斯坦曾說：「如果我有一小時能拯救世界，我會花五十五分鐘想問題，最後再用剩餘的五分鐘想解答吧！」如果希望能突破人生瓶頸，建議可以拿一張紙筆幫助自己提問，並逐一寫下答案，或是找朋友練習，由朋友協助幫忙提問，可以讓自己更快進入狀況，翻轉出人生更璀璨的篇章。

TIPS

3 個提問，走對人生方向，讓你事半功倍：

第一個問題：十年後我想成為什麼樣的人？

第二個問題：目前的我與十年後的目標距離多遠？我該如何調整？

第三個問題：若要達成十年後的目標，我今年應該如何做？完成什麼任務？

4-8 你也能開 Clubhouse 熱門房！

我同時比對主持 Clubhouse 和實體論壇差異時，發現兩者相似度高達八成，剩下二成的差異只是 Clubhouse 是純語音，並不需要透過肢體語言溝通。到底破千人參與的熱門房怎麼創造？主題、來賓、提問是開房精采度關鍵。

二〇二一年開始，聲音社交平臺 Clubhouse 掀起熱潮，從新創圈、名人圈、媒體圈快速擴散，靠著飢餓行銷，每個進來的人只能有兩個邀請碼，初始的限量概念，成功掀起話題。也因為參與的人質量高，加上能夠跨時間、跨地域限制，跟全世界的人互相交流，以及特斯拉創辦人馬斯克、微軟創辦人比爾．蓋茲等科技大老也上來參與討論，立刻爆紅。

根據富比士報導，在私人創投公司 Andreessen Horowitz 領導的 A 輪募資中，

Clubhouse 獲得至少一千兩百萬美元投資，而後 B 輪融資也獲得了大量資金，目前估值高達近十億美元，而他背後的技術商 API 也獲得女股神 ARK 方舟投資 Cathie Wood 青睞，股價也大漲一波。

到底 Clubhouse 有什麼好玩的？找人「開房間」（start a room）為何會成為熱門的社交活動？我自己在上面著迷不已，初期幾乎是一整天都在各個房間流竄，也嘗試在週一到週五中午十二點到下午一點開設「科技財經午報」（目前改為周一和三固定播出，週五隔週播），跟大家分享當天科技新聞頭條和財經焦點，並找專家來賓一起深度解讀新聞，掌握投資趨勢。初期有近兩千人加入，目前平均大約有千人同步線上收聽，我也深深感受到 Clubhouse 不一樣的社群魔力。

舉例來說，某一回我開房討論到比特幣飆破五萬美元的議題，除了臺上專家們發言之外，還有一位遠在美國設立比特幣挖礦廠的聽眾，直接上臺與我們分享業內第一手消息和觀察，結束後還私訊我挖礦廠照片，我也用 IG 限動轉發給其他聽眾朋友分享，這在傳統媒體運作上很難達成的連結，透過 Clubhouse 卻能輕鬆牽線做到了。

而自從頻繁開房後，我也陸陸續續接到私訊或朋友詢問，到底如何「主持」才能讓房間對談熱絡，「能成功開一個熱門房」？

所謂成功熱門房，大概至少要突破五百人同步線上參加，甚至是上千人，才會是比較多 Clubhouse 玩家希望達成的境界。到底破千人參與的熱門房間要怎麼創造，有看過前面章節的讀者應該已經深知：主持與提問力就是關鍵。

由於 Clubhouse 聲音社交平臺非常強調互動，可以多人同時上臺說話，主持人能否設定適切的主題，並且順利引導討論，甚至在必要時透過追問去引導議題延伸，攸關著房間能不能「好聽又吸引人」。

這道理與主持實體論壇非常相似，而我同時比對主持 Clubhouse 和實體論壇的差異時，發現兩者需要花費的主持與提問功力相似度高達八成，剩下二成的差異只是 Clubhouse 是純語音，並不需要透過肢體語言溝通，而實體論壇則需要輔以肢體語言或眼神帶動，保持現場氣氛熱絡。

那麼到底如何開一個熱門房呢？

身為主持人，你得選對主題，同時針對議題，找到對的來賓，最重要的是，一個房間能不能精采有料，主持人得「問對問題」。

試想，如果房間好不容易邀來重量級來賓，主題也選得不錯，但主持人提問生澀，也無法針對來賓分享的內容更深入追問，這宛如廚師浪費了高檔食材，最後端上桌的只是平淡無趣的料理，自然也留不住人。

特別是 Clubhouse 是採直播形式，只要內容不夠豐富，很快就會眼睜睜看著進房人數快速滑落，帶給主持人心理壓力，容易惡性循環。

因此，提問能力非常重要。甚至，你參與別人的房，上臺提問時，也需要「問出好問題」才不尷尬，才可能吸引住對你有興趣的人。

主題、來賓、提問，我認為是開房精采度的關鍵，這道理跟在電視臺做訪談節目基本上是一樣的，是核心精髓，以下與大家分享一些心法。

一、主題越明確越好

Clubhouse 透過多人可同時發言的社交平臺設計，創造出聊天室的感覺，也與實體論壇相仿，因此很適合針對議題進行深入討論，讓各方觀點相互激盪。

因此開房時，有一個明確的主題設定非常重要。主題越明確，進房討論的人就會更知道來房間要討論什麼，也比較能吸引臺下對於該議題具有專業背景和知識的聽眾上臺參與討論，甚至提出問題增添房內的熱絡氣氛。

我個人的經驗是，可以將討論主題的方向以關鍵字打在房間標題上，讓參與者更知道我們要討論什麼。舉例來說，某一回我與小資教主楊倩琳博士共同開房：「迎財神不如自己當財神！閒聊二〇二一年的投資理財規畫」。這個主題其實已經算清楚易懂，但是說真的，投資理財規畫可以有許多討論面向，光是投資理財節目就有好幾集，到底這個房間是要討論哪一塊？

想到這裡，於是我再修改標題，放入欲討論的關鍵字：「迎財神不如自己當財神！閒聊二〇二一年的投資理財規畫：資產配置、存錢妙招、標的挑選」。

有沒有發現，主題變得更明確了？進來參與的聽眾，第一時間就知道我們要討論資產配置、存錢方法，以及臺上來賓各自的投資標的心得交換，果然當天許多聽眾上臺提問，房內人數也逼近千人，而且開了近兩小時人潮也未散去。

而對於主持人來說，明確的主題設定，能在引導討論時較方便與觀眾說明現在討論的進度，也比較容易接續透過提問進行轉場，讓整個房間談話變得流暢。

二、找到對的人談對的問題

任何議題要能談出火花，找到對的來賓絕對是關鍵，這也是為何名嘴身價不斐，因為能談出好內容，真的要有好工夫。

不過邀請來賓除了得讓對方點頭同意之外，掌握來賓能談什麼議題，也非常需要經驗累積和功力。

我通常會在平時採訪或參與其他房間討論時，觀察對各種議題具有獨到觀點的意見領袖，存進自己的口袋名單，待時機成熟時再來邀請。

三、追問精準有力

其實 Clubhouse 開房間與訪談節目、實體論壇非常類似，節目內容好不好，與來賓能否談出火花非常有關，因此主持人的追問功力是關鍵。

特別是，臺下的聽眾能舉手上臺發言，因此主持人如何能透過追問，將每一位來賓和上臺聽眾的分享精華提煉出來，就會是房間能不能吸引破千人參與的關鍵之一。

通常我會一邊聆聽來賓發言，記錄下所談內容的關鍵後，針對其中與議題或下一位來賓預計分享主題有關的部分，進行追問。這麼一來不僅可以讓談話更深入，也能創造轉場連結。

另外，我也會一邊搜尋相關主題內容的最新消息，補充入談資再進行追問，也比較容易創造出啟發性提問，也就是之前曾提到的「What / Who / Where / When + Why / How」公式，依循前面章節曾介紹的「五大追問法」，就能問出好問題。

此外，也別忘了 Clubhouse 是社交平臺，人與人的關係建立是很重要的關鍵，因此即使是追問尖銳議題，也要保持良好的態度，以及善用音頻和語速去創造溫和的氛圍，避免雙方因為缺乏面對面理解而吵起來，也別忘了感謝臺上分享的來賓和聽眾，邀請大家追蹤舞臺上的明星，將光芒打在他們身上，也會讓參與者更能感受到房間的溫暖，來賓也會覺得受到尊重喔！

還有一些小技巧，例如，可以將臺上含主持人及來賓數控制在四到五人最佳，避免因為時間關係，某些來賓被晾在一旁，盡量讓上臺的人都能充分發言。另外，也可以善用ＩＧ私訊與聽眾進行互動，可以邀請聽眾將想分享的內容，先用ＩＧ私訊傳給主持人，方便主持人掌握要讓誰上臺說話。

話說回來，Clubhouse 其實就跟所有社交平臺一樣，透過新科技幫助我們在社交上突破同溫層，彼此透過議題討論、經驗分享創造更多交流，又因為加入聲音元素，且許多專業人士會在個人檔案建立自己清楚的履歷，更具有實體社交的特質。因此，關於在真實世界中如何交朋友和開論壇討論議題，Clubhouse 也不會差距太遠，當你已經透過這本書的練習成為提問高手，相信在虛擬世界中，只要運用出來，同樣能如魚得水。

祝福你也能開間熱門房，別忘了邀請我喔！

TIPS

Clubhouse 這樣主持，讓你事半功倍：

1. 主題越明確越好。
2. 找到對的人談對的問題。
3. 追問精準有力。
4. 保持良好的態度，善用音頻和語速去創造溫和的氛圍。
5. 將主持人及來賓數控制在四到五人最佳，盡量讓上臺的人都能充分發言。
6. 善用 IG 私訊與聽眾互動。

Part4 試試看

1. 留意斷句與關鍵字，試著念念看：

面對後疫情時代來臨，遠東新董事長徐旭東昨天表示，遠東新接下來將全力搶攻衛材及綠材商機；其中遠東新藉由上、中、下游整合優勢，將協助國際品牌客戶開發更具時尚感的Fashion（流行）口罩。

2. 你目前在工作生活上遇到什麼難題嗎？試著運用提問找到方向，寫下答案。

(1) 當你對自己一直在做的某件事感到迷惘時，可以問自己：

- 那件事情真的很重要嗎？為什麼？

____

- 如果重視這件事，將帶來什麼結果？

____

- 如果不重視，又會變成什麼情況？

____

(2) 當你接獲一項任務，煩惱該如何採取行動才能達成目標時，可以問自己：

- 這個行動之前需要做什麼、需要哪些前置動作？

____

・這個行動完成之後，我還可以繼續做些什麼？

・假如卡關了，我還可以做些什麼？有哪些替代方案？

參考答案 1

斷句與關鍵字請參考「上下引號」標示：

面對「**後疫情時代**」來臨，遠東新董事長「**徐旭東**」昨天表示，遠東新接下來將全力搶攻「**衛材**」及「**綠材**」商機；其中遠東新藉由「**上、中、下游**」整合優勢，將協助「**國際品牌客戶**」開發更具「**時尚感**」的「Fashion」（流行）口罩。

參考答案 2

自由發揮。

Part 5

關於提問的提問：職場人士最想知道的QA快問快答

一、從事服務業遇到客訴，提問有什麼關鍵？

如果你從事服務業，總難以避免會遇到奧客或客訴。這時，即使客戶怒氣沖沖，或是負面話語接二連三，也要告訴自己，千萬別跟著捲入情緒風暴中。

此時，與其不斷跟客戶解釋，不如運用提問力來了解和歸納客戶的需求，找到問題發生所在，讓客戶感受到自己被理解了，會是更好的方法。

你可以先使用提問了解客戶遇到的狀況，同時建議可以運用「封閉式提問」（參見第三部3－5說明），幫客戶歸納出所面臨的問題和需求重點，搭配適時點頭的肢體語言，藉此讓客戶感受到你真的有聆聽，理解他的感受。

畢竟，**同樣的話，從客戶口中說出來是抱怨，從你的口中說出來就是理解**！

透過封閉式提問，也能夠收斂戰場，讓場面回歸理性，聚焦在這些歸納後的重點中，而未來公司與客服就可以針對這幾個重點做補強，更精準地解決難題，化解僵局。

因此，面對客訴的提問，切記要「避免跟著陷入負面情緒」「運用提問聚焦於找出問題」，並「聆聽對方，使用封閉式提問收斂戰場」，這三點格外重要。

二、若對方不太願意回答，或嘗試模糊帶過，該怎麼辦？

可以試著先思考：「**為何自己一定要問這個問題？**」

會不會是對方不明白自己的提問動機？還是這個提問並不適合對方回答？或是對方現在的立場無法回答？

畢竟一個好的提問，除了要獲得自己想要的回應之外，還有一個重點是能「促進雙方的關係」，而關係需要時間建立信任，因此也可以檢視雙方的信任度是否足夠，讓他有意願回答問題？如果是因為信任不足，就應該先朝「建立信任感」這一點來努力。

另外一種情況是，對方嘗試模糊帶過回答，可能是因為假設你聽不懂。這在專業場合很常出現，可能是技術較難，或是概念較複雜，因此對方在回應時，因為先入為主地假設你可能不了解，而他也沒時間解釋，就會省略不說，這部分其實也可以看作是「對你的專業信任不足」。

這時該如何解套呢？可以試試看先複述與歸納對方談的內容，讓他先理解，你其實能夠聽懂他的言論，而且充滿聆聽的誠意；接著再運用啟發性追問（參見第二部2－5說明），將你事前查找出來與他所分享內容相關的資料，補充在提問中，或是自己對於議題的觀察，放入提問中，讓他感受到原來你有在關注這個領域，也是一位能對話的人，對方就比較有可能願意講深一點，越聊越多。

三、怎麼告訴主管搞錯工作方向或重點呢？

面對主管搞錯方向或是做錯決策，千萬不要直接批評，特別是在公眾場合，否則會讓主管沒面子，這時**最好的做法就是使用提問，讓主管自己發現盲點**。例如，可以詢問，若按照主管決策後，可能會遇到什麼難題，該如何解決？讓主管感受到你的支持，而你的提問只是希望事情更順利，這時主管採納意見的機率就會比較高。

另外，也建議可以運用第三方數據或客觀說法來解套。例如，可以引述客戶對於主管新決策的反應，或是市場數據的回饋，詢問主管因應的方式，藉此能讓主管在不失面子、你也不會跟他直接起正面衝突的情況下，讓主管得知自己的決策有哪些可以調整改進的地方。

四、如何和總是不配合，又愛把錯推給別人的同事溝通合作？

在職場上，難免會遇到一些總是不配合，又喜歡藉機脫身的同事，面對這樣的夥伴，想要有效合作，必須掌握一個原則：**不要隨他們起舞，特別是不要落入口舌之爭**。

如果同事不斷抱怨，或是想把錯推給別人，你可以藉由提問，去詢問對方邏輯有誤的部分，又或者可以試著**把提問的焦點放在「如何解決問題」上，而不爭辯誰對誰錯**。

試著保持冷靜，針對同事的回應，你可以反問：「所以要如何解決呢？」或是「我明白你的想法，不過目前造成的問題，該如何解決？」藉由這樣的方式，把溝通內容導向問題解決，而非對錯之爭，就能避免落入多說多錯或是非的爭端。

五、怎麼知道自己問的問題好或不好？

想要知道自己拋出的是否為好問題，可以**觀察對方的肢體語言反應，例如是否出現疑惑的眼神，或是眼神飄忽**（對方聽不懂你的問題時，通常很容易眼神飄忽）。又或者對方若在回答時，先幫你歸納問說：「**你是不是想要問……？**」就可以多少知道，自己的問題不夠精準明確，對方無法完全理解。這時可以試著調整之後的問題設計，繼續修練成為提問高手！

另外，你也可以試著錄音，透過事後檢視自己問完問題後，對方的反應是否能讓談話更深入，或是重聽看看自己的追問是否精準適合。慢慢練習，就能讓自己更進步。

六、如何透過提問爲自家產品創造議題？產品的潛力商機資料，該如何蒐集與整理？

如果想為自家產品創造議題和潛力商機，你得先知道想推出的商品在市場上的位置。這時，對自己提問非常重要。

你可以嘗試問自己以下問題：

1.產品的特色是什麼？屬於什麼類別？

2.在這樣的類別，我有哪些競爭對手？競爭對手的產品特色與自家產品的差別？

3.與競爭對手相比，彼此有哪些優勢和劣勢？

4.針對劣勢的部分，有哪些是可以突破的？

5.有哪些當紅趨勢，我可以運用優勢跟上腳步？

透過這些問題，進行資料蒐集和回答，可以幫助釐清自家產品的市場定位。針對掌握市場潛力商機，你可以試著問自己如下問題：

1.哪一類的消費者喜歡我們家的產品？

2.除了這類消費者，還有哪一群消費者可能會喜歡？

3.這些潛在消費者的特色？年齡？所在區域？

4.競品的消費者是誰？有沒有可能成為我的消費者？

5.市場規模多大？未來潛在市場份額多少？

透過這些問題一步步摸索，可以看出自家產品未來在市場創造商機的潛力，也可以試著搭配前章節提過的「SWOT」優劣分析（參見第四部4－7說明），幫助產品規畫找到更有力的行銷策略。也別忘了一定要創造差異化，畢竟在市場上，產品要能生存，一定要有特殊之處；如果不是最棒，至少要最特別，具有別人無法取代的特色才行。

後記

從小資族晉升新富族，提問力是你最好的朋友！

走上斜槓創業之路已經邁入第五年，從領著死薪水的上班族，轉換成為自己打拚，能掌控工作內容與時間，收入也更多元豐富，現在的我，有了房子，生了兩個孩子，想想真的很幸運。

然而回首多年前，研究所剛畢業的我，戰戰兢兢踏入媒體產業，過著朝七晚八的生活，在臺北租一個小小的房子，辛辛苦苦地過著每一天，那時候的自己，對於未來常感茫然，努力工作也存不了多少錢。

回顧過去，如今雖然同樣忙碌，但更有方向，也更踏實。從小資族慢慢往成為新富族的路途邁進，這條路當然非康莊大道、一路順遂，跳脫舒適圈的過程鐵定充滿挑戰，除了運氣，提問力扎實地幫了我一把，透過自我提問，以及運用提問的能力去開創機會，都讓我漸漸走向自信的未來。

隨著網路改變了職場生態，零工經濟和斜槓成為熱門話題，正在看書的你，或許也希望有一天可以完成「**為自己工作**」的夢想，成為新富族，也就是收入更多元豐富，甚至被動收入能逐漸超越主動收入，或是工作型態不再受限於單一公司，擁有更多人生主控權。

如果這也是你想要前進的方向，別忘了提問力是你最好的朋友，你可以問自己以下問題：

1. 我目前從職場累積了哪些專業能力？擅長什麼？
2. 我期待的工作與生活是什麼樣子？希望如何分配自己的時間？
3. 我一年生活需要多少資金？每個月需要多少現金進帳才能支應？
4. 我目前的專業能力是否有市場需求？能否發展成商業模式，獲得收入？
5. 我目前收入來源為何？除了薪水收入，還有哪些類型的收入？被動收入占比多少？

透過這些問題，你可以慢慢整理出自己的現況與未來目標的差距。簡單來說，就是先描繪出你期待的生活模式，並計算這樣需要多少開支，再去評估自己擁有的專業能力和特長，有哪些具有市場潛力（可能有潛在客戶需求）。你也可以找看看市場上是否已經存有相關的商業模式，是自己可以去學習發展的，從中開創多元收入。

初期可以先以「發展出多元收入」為目標，接著再全盤檢視自己對哪些新收入的興趣更高、更拿手，並擴大在這類型收入的專業能力或開發新客戶，把比重提高，慢慢將「收入多元」的狀態墊高成「整體收入增加」的目標。

當然也別忘了，人不可能永遠都在工作，當有了資金以後，也可以試著透過學習投資理財，增加被動收入，或是發展一些本來就是創造被動型收入的工作項目，例如版稅、線上課程等。讓自己的被動收入占比持續拉高，相對的也就能為自己開創更多不需要工作的時間，從收入的多元邁向時間自由，一步一步達成新富族的夢想。

我還在這一條路上邁進，期待你與我一起走向理想的終點。

這條路雖然陌生艱辛，不過成果甜美，我感受到自己的快速成長，以及能夠逐漸掌控人生選擇權的滿足。

人生不怕財富不足，只怕失去選擇的權利。而能賦予我們勇氣與能力，重新拿回人生選擇權的就是提問力。透過對自己提問，我們能堅定心志、確立方向；透過對他人提問，我們能建立友情、開拓人脈、創造機會。

謝謝所有生命中遇到的貴人，對於我提問能力的肯定；也謝謝家人、朋友、客戶的信任，讓我能開創更多不同的可能性。這本書的誕生來自於你們每一位的溫暖，賦予我勇氣去分享，也謝謝所有讀者、聽眾與觀眾的支持，你們是讓我能不斷突破自己的前進動力。

最後，謝謝上帝一路上與我同在，《聖經》說：「你出你入，耶和華要保護你，從今時直到永遠。」（〈詩篇121：8〉）感謝上帝在黑暗與迷茫時，帶領我去探索未知的路。回首過往時光，真實經歷《聖經》所言：「你以恩典為年歲的冠冕，你的路徑都滴下脂油。」（〈詩篇65：11〉）如今我所擁有的一切都是來自上帝所賜的恩典，榮耀歸於神。

祝福我的讀者們，都能透過提問力開創出屬於自己的新富人生，期待十年後的我們能一起懷抱著感恩的心回顧過往，並能自由選擇、過著夢想的人生。

國家圖書館出版品預行編目資料

提問力，決定你的財富潛力／朱楚文 作.
-- 初版. -- 臺北市：方智出版社股份有限公司，2021.06
288面；14.8×20.8公分. --（生涯智庫；193）
ISBN 978-986-175-606-6（平裝）

1. 職場成功法 2. 說話藝術

494.35 110006341

Eurasian Publishing Group 圓神出版事業機構 用心與你對話．網野無限寬廣
方智出版社 Fine Press

www.booklife.com.tw reader@mail.eurasian.com.tw

生涯智庫 193

提問力，決定你的財富潛力

作　　者／朱楚文
發 行 人／簡志忠
出 版 者／方智出版社股份有限公司
地　　址／臺北市南京東路四段50號6樓之1
電　　話／（02）2579-6600・2579-8800・2570-3939
傳　　真／（02）2579-0338・2577-3220・2570-3636
總 編 輯／陳秋月
副總編輯／賴良珠
主　　編／黃淑雲
專案企畫／尉遲佩文
責任編輯／陳孟君
校　　對／溫芳蘭・陳孟君
美術編輯／李家宜
行銷企畫／陳禹伶・鄭曉薇
印務統籌／劉鳳剛・高榮祥
監　　印／高榮祥
排　　版／陳采淇
經 銷 商／叩應股份有限公司
郵撥帳號／ 18707239
法律顧問／圓神出版事業機構法律顧問　蕭雄淋律師
印　　刷／祥峰印刷廠
2021年6月　初版
2024年2月　3刷

定價350元　ISBN 978-986-175-606-6